U0295441

中欧前沿观点丛书

蔡舒恒 —— 著

义利合一
中国企业的ESG实践

EMBRACE ETHICS
AND PROFITS

THE ESG PRACTICE OF
CHINESE ENTERPRISES

上海交通大学出版社
SHANGHAI JIAO TONG UNIVERSITY PRESS

内容提要

本书围绕"义利合一"的核心理念展开,深入剖析了企业在追求经济利益的同时,如何实现社会责任的双赢。全书共三章,从理论基础到国际趋势,再到企业实践,层层递进,娓娓道来。第一章讨论理论基础,从社会责任金字塔模型到利益相关者理论,强调企业不仅应追求利润,还应关注自身对社会和环境的影响。第二章分析国际趋势,探讨全球化背景下 ESG 的发展与影响。第三章专注具体案例,展示如何将商业模式创新与企业社会责任有机结合。全书不仅提供了理论见解,也展示了企业实践,旨在帮助企业领导者理解和实施更有效的 ESG 战略,实现商业成功和社会责任的统一。

图书在版编目（CIP）数据

义利合一：中国企业的 ESG 实践/蔡舒恒著.
上海：上海交通大学出版社,2024.9—（中欧前沿观点丛书）.—ISBN 978-7-313-31634-9

Ⅰ.X322.2

中国国家版本馆 CIP 数据核字第 2024JE3317 号

义利合一 ——中国企业的 ESG 实践
YILI HEYI——ZHONGGUO QIYE DE ESG SHIJIAN

著　　者：蔡舒恒			
出版发行：上海交通大学出版社		地　　址：上海市番禺路 951 号
邮政编码：200030		电　　话：021-64071208
印　　制：苏州市越洋印刷有限公司		经　　销：全国新华书店
开　　本：880mm×1230mm　1/32		印　　张：5.625
字　　数：92 千字			
版　　次：2024 年 9 月第 1 版		印　　次：2024 年 9 月第 1 次印刷
书　　号：ISBN 978-7-313-31634-9			
定　　价：59.00 元			

丛书编委会

院长的话

中欧国际工商学院（以下简称"中欧"）是中国唯一一所由中国政府和欧盟联合创建的商学院，成立于 1994 年。背负着建成一所"不出国也能留学的商学院"的时代期许，中欧一直伴随着中国经济稳步迈向世界舞台中央的历史进程。30 年风雨兼程，中欧矢志不渝地追求学术和教学卓越。30 年来，我们从西方经典管理知识的引进者，逐渐成长为全球化时代中国管理知识的创造者和传播者，走出了一条独具特色的成功之路。中欧秉承"认真、创新、追求卓越"的校训，致力于培养兼具中国深度和全球广度、积极承担社会责任的商业领袖，被中国和欧盟的领导者分别誉为"众多优秀管理人士的摇篮"和"欧中成功合作的典范"，书写了中国管理教育的传奇。

中欧成立至今刚满 30 年，已成为一所亚洲领先、全球知名的商学院。尤其近几年来，中欧屡创佳绩：在英国《金融时报》全球百强榜单中，EMBA 连续 4 年位居第 2 位，MBA 连续 7 年位居亚洲第 1 位；卓越服务 EMBA 课程荣获 EFMD 课程认证体系认证，DBA 课程正式面世……在这些高质量课程的引导下，中欧同时承担了诸多社会责任，助力中国经济与管理学科发展：举办 IBLAC 会前论坛"全球商业领袖对话中国企业家"和"欧洲论坛"，持续搭建全球沟通对话的桥梁；发布首份《碳信息披露报告》，庄严做出 2050 年实现全范围碳中和的承诺，积极助力"双碳"目标的实现和全球绿色发展。

在这些成就背后，离不开中欧所拥有的世界一流的教授队伍和教学体系：120 位名师教授启迪智慧、博学善教，其中既有学术造诣深厚、上榜爱思唯尔"高被引学者"榜单的杰出学者，又有实战经验丰富的企业家和银行家，以及高瞻远瞩、见微知著的国际知名政治家。除了学术成就之外，中欧对高质量教学的追求也从未松懈：学院独创"实境教学法"，引导商业精英更好地将理论融入实践，做到经世致用、知行合一；开辟了中国与世界、ESG、AI 与企业管理和卓越服务四大跨学科研究领域，并拥有多个研究中心和智库，被视为解读全球环境下中国商业问题的权威；受上海市政府委托，中欧领衔创建了"中国工商管理国际案例库（ChinaCases. Org）"，已收录高质量中国主题案例 3 000 篇，被国内外知名商学院广泛采用。

从 2019 年起，中欧教授中的骨干力量倾力推出"中欧前沿观点丛书"，希望以简明易懂的形式让高端学术"飞入寻常百姓家"，至今已出版到第三辑。"三十而励，卓越无界"，我们希望这套丛书能够给予广大读者知识的启迪、实践的参照，以及观察经济社会的客观、专业的视角；也希望随着"中欧前沿观点丛书"的不断丰富，它能成为中欧知识宝库中一道亮丽的风景线，持续发挥深远的影响！

在中欧成立 30 周年之际，感谢为中欧作出巨大贡献的教授们，让我们继续携手共进，并肩前行，在中欧这片热土上成就更多企业与商业领袖，助力推进中国乃至世界经济的发展！

汪泓教授

中欧国际工商学院院长

杜道明（Dominique Turpin）教授

中欧国际工商学院院长（欧方）

2024 年 6 月 1 日

总　序

今年正值中欧国际工商学院成立 30 周年，汇集中欧教授学术与思想成果的"中欧前沿观点丛书"（第三辑）也如期与读者见面了。

对于中欧来说，"中欧前沿观点丛书"具有里程碑式的意义，它标志着中欧已从西方经典管理知识的引进者，逐渐转变为全球化时代中国管理知识的创造者和传播者。教授们以深厚的学术造诣，结合丰富的教学经验，深入浅出地剖析复杂的商业现象，提炼精辟的管理洞见，为读者提供既富理论高度又具实践指导意义的精彩内容。丛书前两辑面世后，因其对中国经济社会和管理问题客观、专业的观察视角和深度解读而受到了读者的广泛关注和欢迎。

中欧 120 多位教授来自全球 10 多个国家和地区，国际师资占比 2/3，他们博闻善教、扎根中国，将世界最前沿的管理思想与中国管理实践相融合。在英国《金融时报》的权威排名中，中欧师资队伍的国际化程度稳居全球前列。中欧的教授学术背景多元，研究领域广泛，学术实力强劲，在爱思唯尔中国高被引学者榜单中，中欧已连续 3 年在"工商管理"学科上榜人数排名第一。在学院的学术研究与实境研究双轮驱动的鼓励下，教授们用深厚的学术修养和与时俱进的实践经验不断结合国际前沿理论与中国情境，为全球管理知识宝库和中国管理实际贡献智慧。例如，学院打造"4＋2＋X"跨学科研究高地，挖掘跨学科研究优势；学院领衔建设的"中国工商管理国际案例库"（ChinaCases．Org）迄今已收录 3 000 篇以中国主题为主的教学案例，为全球商学院教学与管理实践助力。同时，中欧教授提交各类政策与建言，涵盖宏观经济、现金流管理、企业风险、领导力、新零售等众多领域，引发广泛关注，为中国乃至全球企业管理者提供决策支持。

中欧教授承担了大量的教学与研究工作，但遗憾的是，他们几乎无暇著书立说、推销自己，因此，绝大多数中欧教授都"养在深闺人未识"。这套"中欧前沿观点丛书"就意在弥补这个缺憾，让这些"隐士教授"走到更多人的面前，让不曾上过这些教授课程的读者领略一下他们的学识和风范，同时也让上过这些教授课程的学生与校友们重温一下曾经品尝过的思想佳肴；更重要的是，让中欧教授们的智慧与知识突破学术与课堂的限制，传播给更多关注中国经济成长、寻求商业智慧启示的读者朋友们。

今年正值中欧 30 周年校庆，又有近 10 本著作添入丛书书单。这些著作涵盖了战略、营销、人力资源、领导力、金融财务、服务管理等几乎所有管理领域的学科主题，并且每本书的内容都足够丰富和扎实，既能满足读者对相应主题的知识和信息需求，又深入浅出、通俗易懂。这些书虽由教授撰写，却都贴合当下，对现实有指导和实践意义，而非象牙塔中的空谈阔论；既总结了教授们的学术思考，又体现了他们的社会责任。聚沙成塔，汇流成河，我们也希望今后有更多的教授能够通过"中欧前沿观点丛书"这个平台分享思考成果，聚焦前沿话题，贡献前沿思想；也希望这套丛书继续成为中欧知识宝库中一道亮丽的风景线，为中国乃至世界的经济与商业进步奉献更多的中欧智慧！

以这套丛书，献礼中欧 30 周年！

主编

陈世敏

中欧国际工商学院会计学教授，

朱晓明会计学教席教授，副教务长及案例中心主任

李秀娟

中欧国际工商学院管理学教授，

米其林领导力和人力资源教席教授，副教务长（研究事务）

2024 年 6 月 5 日

目 录

第 1 章

企业社会责任的
理论根基

企业社会责任（corporate social responsibility，简称 CSR）问题越来越受到国际社会的广泛关注。从全球范围看，CSR 的话语与实践仍在经历一个相对复杂、广泛参与的过程，这包括国际发展机构制定国际化准则，学界、智库进行各个方向、各个相关利益者的研究，企业不断地探路实践，以及政府对规则的制定和引导。在国际层面，越来越多的 CSR 规则被制定；在国家层面，CSR 法律规范不断完善；在企业层面，各种 CSR 联盟、行为准则、评审评级、投资标准不断涌现……虽然 CSR 理念风靡全球，但迄今为止，全球范围内对 CSR 的定义、范围、方法仍未达成共识。争论仍在持续，在学术领域，全球各个国家的学者们没有停下对 CSR 相关领域的深入探索。

企业社会责任的概念源于亚当·斯密（Adam Smith）的"看不见的手"（invisible hand）——古典经济学派认为，企业唯一的任务就是在法律范围内，在经营中追求利润的最大化。著名经济学家米尔顿·弗里德曼（Milton Friedman）曾说："如果职业经理人为股东以外的群体谋求利益，那么他们就有违信托精神。"[1] 这种观点在企业社会责任的争辩中曾一度占据上风，社会责任因而被企业等同为公益慈善而成为经营战略中可有可无的装饰品。如此一来，经济利润是衡量企业成功的唯一标准，是企业的天性，社会责任则不然。不仅如此，长期以来，企业与社会一直处于相互对立的关系，当企业造成了它们不必承担的社会成本时，产生了"外部效应"① ——这一观念导致企业一味追求经济利益而很少思考自身对社会和环境造成的影响。

难道让商界与社会共同发展具有天然的矛盾性吗？许多公司的领导人并不这样认为，IBM 的第二代接班人小托马斯·沃森（Thomas Watson Jr.）在去世前讲过这样一段话："公司的繁荣取决于其能够在多大程度上满足人们的需求，利润只是一种评分机制，最终目的是让所有人都过上更好的生活。"

纵观过去几十年，学界提供了观察与审视 CSR 的不同视角、不同维度。值得一提的是，国际学术领域中的众多研究不仅对学界，对企业的 CSR 实践也具有重要的意义。虽然 CSR 的相关研究星罗棋布，笔者仍在其中筛选了具有代表意义和最为经典的研究，它们在一定程度上能够代表国际学术领域在 CSR 研究方面的基础沉淀与重要发现。

---

① 外部效应：一般指外部性。外部性又称为溢出效应、外部影响、外差效应或外部效应、外部经济，指一个人或一群人的行动和决策使另一个人或一群人受损或受益的情况。

从社会责任金字塔模型到利益相关者理论

1979 年，阿奇·卡罗尔（Archie Carroll）在《公司绩效的三位概念模型》[2] 中首次提出了企业社会责任的"四责任框架"，将企业社会责任划分为经济责任、法律责任、伦理责任和自愿责任（之后，卡罗尔进一步将其具体化为"慈善责任"）。这四种责任从低到高排列成所谓的"社会责任金字塔模型"（the pyramid of social responsibility）（见图 1.1）。

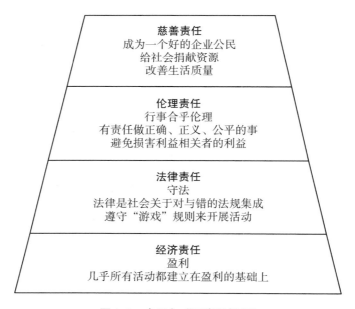

图 1.1　卡罗尔"四责任框架"

资料来源：Carroll A B. A three-dimensional conceptual model of corporate performance [J]. Academy of Management Review, 1979, 4 (4), 497 – 505.

1994 年，约翰·埃尔金顿（John Elkington）提出了"三重底线理论"[3]（triple bottom lines），认为公司行为不仅要考虑经济底线，还应当考虑社会底线与环境底线——这也成为 CSR 重要的理论基础之一。

相对而言，卡罗尔"四责任框架"对社会责任的分析还较为静态，对于不同发展阶段的企业并未展开深入的分析，之后，学界在此基础上出现了许多分类研究，也充实了企业社会责任理论的发展。20 世纪末，企业公民（corporate citizenship）的概念涌现，它强调要将企业看成社会的一部分，企业同公民一样，既拥有社会公民的权利，也要承担对社会的责任。当年，在企业层面上最早提出将企业视为公民的代表公司是美国强生公司，它在 1979 年公司的信条中这样写道："我们应做个好公民——支持好的事情和慈善事业，并依法纳税。我们应促进社会进步和医疗与教育的改良。我们应爱护我们有权使用的财产，保护环境和自然资源。"[4]

还有一类研究将企业生命周期纳入考量范围，认为企业在不同发展阶段，包括创业期、成长期、成熟期、衰退期的能力、需求不同，那么履行 CSR 的动因、战略选择行为表现也不相同。

随着社会生产力的飞跃式发展，以及企业数量与规模的急速提升，"利益相关者理论（stakeholder theory）"逐渐进入更多人的视野和更多学者的研究范畴。该理论主张企业不应该仅仅对股东负责，而且还要对消费者、员工、合作伙伴、环境资源、社会和谐发展负责。举一个简单的例子，一家位于河流上游的化工厂将废水排入河中，造成对下游的污染，那么，除了河流下游的居民，股东、企业员工、客户、供应商、政府、社区和民间团体都是这个案例中的利益相关者，他们都可以从内部和外部对企业施加压力。

"利益相关者理论"强调要把 CSR 和企业的日常经营活动有机结合起来，使 CSR 落实到企业与其利益相关者的关系中，落实到企业的具体经营活动中，该理论在近几年得到越来越多人的认可和引用。不过，这个理论的前提是要平衡股东与利益相关者的关系，这点并不容易实现，也一直以来受到许多西方学者的质疑。反对的声音认为，公司的本质是趋利的，目标在于帮助股东实现利益最大化，而公司的所有经营活动都应围绕这一目标；将利益相关方的角色和目标纳入进来，摆在与股东平起平坐的位置上，风险就在于可能损害股东利益，造成"企业办社会"的局面，甚至动摇公司治理理论的基础。在这些人看来，各利益相关方之间显然是一场"零和博弈"。举个例子，如果公司过度地支付员工的工资，那么在该时期员工在短期内会具有较强的满足感，但是公司的这种行为会提高公司的成本结构，并且限制了公司在市场竞争中获取竞争优势的能力，从而降低了公司的长期盈利能力，最终损害了公司在未来提高员工收入的能力。

　　而该理论的支持者认为，公司实施 CSR 战略的最终目标仍是实现股东利益最大化，而非动摇公司性质，如不考虑利益相关者的诉求和利益，那么在社会力量、媒体力量日益加强的今天，公司的股东利益势必会受到伤害。罗杰·康纳斯（Roger Connors）在《引爆责任感文化》中写道："在如今激烈的竞争中，企业若想实现既定目标，战出优异战绩，就首先应该让成效导向型的责任感文化深入企业的骨髓。"[5] 有中国学者发现，制造业上市公司履行 CSR 可以打造有益的品牌形象，取得消费者的青睐，从而提高企业产品的市场占有率，达到促进经营绩效的作用。不过，即便如此，利益相关者的界定也过于宽泛了，并且主要停留在理论探讨和假设的阶段。哪些利益相关者比另一些更重要？在不同利益相关者之间目标存在冲突的时候如何做决策？这些问题在实际操作层面都较难有明确的工具作为指导。整体而言，企业在面对众多利益相关者的时候，可以依据 5 个步骤（见图 1.2）对关键利益相关者做出基本的判断。

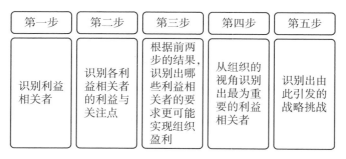

图 1.2　关键利益相关者识别步骤
资料来源：根据公开资料绘制。

战略型企业社会责任

让我们先来看这样一个案例：中国云南独特的自然环境满足了世界咖啡种植基地的主要条件，因此成为星巴克公司的咖啡豆采购地之一。在与云南咖啡豆种植者合作的过程中，星巴克并没有采取低价收购的策略，而是采用了溢价收购的思路。其背后的原因是为了在保证咖啡豆品质的同时，让种植咖啡豆的农户有一定的收入，令其可持续发展，而咖啡豆农户也愿意长期为星巴克提供咖啡豆。对于公司而言，这种道德采购使得当地咖啡豆种植业稳定健康发展，在帮助农民、保护环境的前提下，提高种植技术，也让星巴克可以获得高品质的咖啡豆。

　　另外一个例子则是雀巢公司在印度莫加地区的案例。这个地区经济落后，多数农户只养得起一头奶牛，新鲜牛奶也没办法长途运输。但是，雀巢的生产高度依赖于本土化、分散化的奶源，于是公司花费高价为当地建设了强大的奶源供应网络，包括修建牛奶冷藏基地，组建车队，并且派遣大量营养专家、品控专家指导这些农户生产高品质牛奶——种种举措不仅帮助农户提高了收入，而且让雀巢也从中获得了丰厚的回报。

　　上面两个案例共同说明了这样一个问题：企业与社会相互依存，并不是对立的关系，而且，企业在履行社会责任的过程中，也不只是简单地"捐钱"，而是可以与自己的业务紧密结合，走上可持续发展之路，做到"义利合一"。这是迈克尔·波特（Michael Porter）发表在 2006 年12 月《哈佛商业评论》上的《战略与社会：竞争优势与企业社会责任的关系》[6] 一文表达的核心观点。在波特看来，CSR 可以分为两类：一类是反应型，另一类是战略型。反应型企业社会责任又分两种形式：做良好的企业公民，比如进行公益性捐助，以及减轻企业价值链活动对社会造成的损害。战略型社会责任，则是寻找能为企业和社会创造共享价值的机会。美国福特汽车公司董事长兼首席执行官小威廉·福特（William Ford Jr.）曾经说过："好的企业与优秀的企业之间是有差别的。一家好的企业可以提供优秀的产品和服务；一家优秀的企业也可以提供优秀的产品和服务，但它还要努力地让这个世界变得更美好。"

听上去，将 CSR 真正融入企业战略之中是一件极具挑战性的任务，仿佛只有从头改造、改头换面才能从业务模式方面找到战略型企业社会责任的切入点。不过，当我们去看像星巴克、雀巢这样的案例时，就会发现，它们的共同点在于找到了价值链上的重要实践活动，并且用更具有前瞻性、有效性的方式来寻找"长期共赢"的机会，推出了一些能产生显著而独特社会效应和企业效应的社会举措——最终，企业越成功，社区就越繁荣；而社区越繁荣，企业就越成功。

这即是所谓的"战略型社会责任"。换言之，使社会利益和影响成为企业战略和核心价值的一个重要组成部分，那么其社会责任就更加具有战略性。IBM 副总裁，企业社会责任负责人吉列尔莫·米兰达（Guillermo Miranda）曾经在《目标驱动发展》[7] 的文章中详细讲述了企业如何开展这段旅程。首先，企业社会责任计划绝不能与企业业务模式及核心产品和服务毫无关联，也不能是为了做而做。唯有如此，企业社会责任事业才能体现可持续性和可扩展性，并有助于留住顶尖人才。其次，企业需彰显"用户"作为企业社会责任计划最终受益者的核心地位。最后，在企业社会责任计划的制定过程中，企业需尽早联合内外利益相关方共同打造计划，并建立密切合作。在上述原则的指引下，更有利于培养优秀稳固、严谨缜密的资源网络，真正满足关键社会需求，推动社会发展。[8]

创造共享价值

2011 年，波特和马克·R. 克雷默（Mark R. Kramer）使用了一个新理论，拓展了"战略型社会责任"的工作视野：创造共享价值（creating shared value）[9]。在这项研究中，他们制定了一项新战略，即企业可以通过解决社会和环境上的挑战来建立商业机会，创造经济价值。在过去几十年的管理思想界，企业一直以来被视为一个自给自足的有机体，传统的管理思想主要聚焦在让更多顾客购买自己的产品，满足来自股东对短期回报的要求。波特和克雷默认为，人们一直强调的竞争机制让企业利润倍增，但企业所处的社区却没有受益，当越来越多的企业进行全球化，并且随着垂直一体化的加剧，企业与社区的关系却在变弱。共享价值的概念试图通过将公司成功与社会进步、社区受益相结合，创造差异性的新优势。两位学者从以下三个方面提出了实现共享价值的主要方式。

第一，重新思考产品与市场。面对眼花缭乱的市场机会和层出不穷的管理理论，许多企业迷失在日常经营管理中，却忽略了最为经典和本质的三个问题：我们的顾客是谁？他们需要什么产品和服务？我们应如何提供这些产品和服务？对于企业而言，无论是发现现有需求，挖掘潜在需求，引导隐形需求，还是创造新的需求，都会对现有产品和市场产生新的认知。如果将这个过程与社会需求和利益相结合，关注到在社会、经济、文化、政策层面诸多变量带来的影响，企业就非常容易抓住新机遇。

例如，一家名为朗诗的地产公司较早进入绿色科技地产这一细分领域，以高舒适度、低能耗为产品定位进行差异化竞争。凭借地源热泵系统、全置换新风系统等十大领先的绿色科技，将其开发的住宅的室内温度、湿度、空气质量、噪声等居住环境控制在人体舒适的范围内，改变了传统住宅的观念和生活方式。

　　第二，重新定义价值链上的生产力。价值链把企业内外价值增加的活动分为基本活动和支持性活动：基本活动涉及一家企业的生产、销售、进向物流、去向物流、售后服务；支持性活动涉及人事、财务、计划、研究与开发、采购等。在采购、生产、销售等环节，企业有机会在其中找到创造共同价值的方法，比如减少往来运输货物所耗费的能源，通过循环利用原料来减少对环境的污染，更好地再利用水资源，等等。波特从 5 个方面阐述了价值链上可以做出的改变（见表 1.1）。

表 1.1　重新定义价值链中的生产力

能源消耗与物流	企业可以通过使用更好的科技、回收利用、废热发电等许多办法来大幅提升能源效率；可以重新设计物流体系以求缩短运输距离，简化流程，改善运输路线
资源使用	环保意识增强、科技进步都促使企业改变对原材料的使用和产品转包方式，并扩大资源回收与重复使用
采购	一方面，向低薪地区的供应商采购；另一方面，通过协助供应商获得生产投入要素、分享技术、提供融资，企业可改善供应商的品质与生产力，同时确保产量增加时的供给
销售渠道	iTunes、Kindle 等证明，有价值的新销售渠道可大量减少原材料（纸、塑料等）的使用；企业开辟偏远地区的销售能力为有需要的消费者提供改变生活的产品，使得当地社会受惠

地点	随着能源使用与碳排放成本的提升、生产库存因高度分散而遭受损耗，以及远距离采购的隐性成本日益显现，企业开始认识到远距离采购带来的问题。采用近距离采购，建立离市区更近的小型工厂，并增加本地原材料，雇佣当地人，可以使企业经济效益与社会效益双丰收

资料来源：Porter M E, Kramer M R. Creating shared value [J]. Harvard Business Review, 2011, 89(1/2), 62 - 77.

例如，古驰（Gucci）在 2020 年首次推出 off the grid 系列，该系列所有产品均采用 100％可回收的生物基和有机材料制成，其中包括由废弃渔网和其他废料制成的再生尼龙纱线，以及主要由可持续采购的木浆和生物基聚氨酯制成的环保材料。该系列所有产品的金属硬件和拉链、标签和拉绳均可回收利用，而升级回收的皮革废料也在该系列中使用。除此以外，公司还关注其产品的第二、第三或第四次生命，转售是其中的关键环节，为此，公司于 2020 年与美国转售网站 The RealReal 展开合作。

第三，推动地方产业集群的发展。企业不能再将自己视为单独的个体，而应视为地方社区的一部分，该社区的上下游和支撑体系对企业的发展也起到至关重要的作用。当企业审视地方社区的时候，不应该只关注相关企业或商业机构，也应该关注科研机构、行业联盟、相关组织等。

研究显示，公司的效率受到社区经济强弱的影响——在所有繁荣发展的区域经济中，都有不错的产业集群，例如，美国的硅谷、北京的中关村、上海的张江等，这些产业集群对于促进当地资源、提高生产效率、增强创新能力等起着至关重要的作用。

战略的核心是选择独特的定位，并通过价值链将其价值传递出来。而共享价值创造了许多需要满足的新需求、需要供应的新产品、需要服务的新顾客、整合价值链的新方法。伴随着社会和经济的发展，会有越来越多的企业理解并开始实践共享价值。

无论是三重底线理论、四责任框架、利益相关方理论，还是战略型 CSR、共享价值理论，都为之后的 CSR 理论发展提供了扎实的研究基础。在本书中，我们先用前面几个章节梳理了 CSR 方面的相关研究和国际趋势，并着重介绍中国 CSR 的本土化过程。我们选取了几个有代表性的案例，来展现中国企业在 CSR 领域的优秀做法。值得一提的是，这些企业甚至已经超越了传统意义的 CSR 范畴，将社会责任当成它们的商业模式和业务主轴中的一部分。我们惊喜地看到，有越来越多的企业和企业家已经意识到，企业与社会并不是对立的，而是统一的关系，"鱼与熊掌"能够兼得，即着眼于共享价值的企业，会通过合理的方式获取利润，在盈利的同时兼顾社会效益。腾讯董事会主席兼首席执行官马化腾在 2021 年提出的关于"用户、产业、社会三位一体"的说法，就十分有代表性，他说："与过去不一样的是，以前习惯从产品出发做创新，未来则要跳出原有框架，把视野打开，站在全局角度去寻找更系统的解决方案。它可能是为用户服务（C），可能是为产业服务（B），也可能是二者结合，有时还要和政府部门或者其他机构（S）合作，是用户、产业、社会（CBS）三位一体，但最终指向的都是为社会创造价值。"[10]

第 2 章

企业社会责任的
国际趋势

企业社会责任是与社会、经济、生产力发展力水平相适应的历史产物，因此，我们不能撇开社会环境的发展和各种重大突发事件，将 CSR 作为一个独立的概念去做纯理论的探讨。特别是在 2020 年之后，新冠疫情在全球的大流行不仅使我们看到了全球各地在这场疫情背景下各种价值观念的冲突与共鸣，还有，在全球经济遭受重创后，企业不得不开始思考，如何"活下去"，并且变得更有韧性，更可持续，更长期主义。

越来越多的研究发现和企业案例证明，在如今这个时代，CSR 能够给企业带来直接的正面影响，我们希望和读者一起分享近几年该领域的几大重要趋势和发现，它们会给企业日常的管理实践带来一些启发。

趋势一：CSR 赋予企业"反脆弱性"

一直以来，人们最为关心的重点聚焦在企业社会责任活动对市场价值和财务绩效的提升方面。不过，伴随着过去几年全球各种"黑天鹅"事件的影响，不少议题开始围绕企业是否会因为履行社会责任而受到保护。不少学者通过研究发现，企业履行社会责任也是企业在不确定性环境下提升组织韧性的重要战略途径，特别是当企业对此进行长期投入，比如在环境、员工、产品质量和安全方面。例如，西南航空公司曾经在 1972—2019 年经历了 4 次重大危机，却还能够实现 47 年的持续盈利，就是因为它将文化韧性、战略韧性、关系韧性、资本韧性和领导力韧性有机协同起来，最终构建了强大的组织韧性（organizational resilience）[11]。

组织韧性

　　组织韧性是指企业面对社会、经济甚至是全球环境的多变和动荡，为了保持其稳定性和灵活性，需要提升自己在危机中生存下来并且能够进一步获得持续增长的能力。有韧性的组织在面临突发性危机事件时，能够保持其核心能力不受影响，并且能够重构组织资源和关系，进而使组织快速从危机中恢复过来，并实现逆势增长。

　　时常有人说，企业社会责任是"锦上添花"的事——经济形势好、经营业绩佳的时候，才需要 CSR；而在经济下行、企业经营出现困难的时候，企业怎么履行社会责任？不过，总有企业打破这种偏见：《第五项修炼》[12] 的作者彼得·M. 圣吉（Peter M. Senge）举了 IBM 的例

子："IBM 现在通过给其他企业提供改善能源利用效率的服务，挣了很多钱，因为它意识到客户已经对能源危机越来越重视。"

有不少学者已经对 2008 年的全球金融危机中的企业表现做过研究，结果显示，虽然那次金融海啸在全球范围内的破坏力史无前例，那些在企业社会责任方面付出更多努力的企业，却在经济崩盘中体现出了"反脆弱"能力。比如，有三位学者 Lins，Servaes & Tamayo[13] 通过分析 1673 家非金融公司的 CSR 数据及资本市场表现后发现，那些因 CSR 活动而拥有更高社会资本的企业，CSR 的作用在企业信任度被侵蚀的时候表现十分明显：拥有更多 CSR 举措的公司，其股票回报率要比拥有较低社会资本的企业高出 4%～7%。除此以外，这项研究还发现，在经济危机时期，CSR 评分较高的企业拥有更高的盈利能力，利润、销售增长、员工生产力方面要比 CSR 评分较低的企业表现更好——这意味着企业应该建立自身的社会资本，以便在外部环境发生剧烈震荡时抵御风险。类似的发现在另外两位学者 Shiu & Yang 的研究[14] 中也有体现：当面临或遭遇负面事件时，参与企业社会责任能够为企业的股票和债券价格带来持续不断的、长期的保护效果；不过，这种保护效果在企业接下来遭遇第二次负面事件时就消失了。在利益相关者契约成本等理论的支持下，两位学者抓取了企业 CSR 参与度相关数据和《华尔街日报》中 1 745 条负面事件进行分析而得出了上述结论。不过，与此前类似研究不同的是，该研究同时关注了 CSR 对公司带来的长期和短期影响，并且，这种给企业股票和债券价格带来的保护对金融类公司和最终商品制造企业的影响最大；随着负面事件数量的增加，该影响会马上消耗殆尽。总的来说，那些对于 CSR 有长期投入的企业更容易积累道德资本①，在企业本身遭遇非连续性的负面事件时具有抵抗股价和债券价格下跌的"反脆弱性"。

中国企业社会责任平台金蜜蜂也曾对此做过相关调研，其结果显示，许多企业认为经济危机和金融机构的不负责任有关，并且，大部分企业认为，履行社会责任可以缓解金融危机的冲击，与此同时，还能帮助企业较早地走出困境，在危机结束后获得市场的认可[15]。

伴随着 2020 年全球蔓延的新冠疫情，资本市场同样受到重创。来自中国的三位学者 Yi, Zhang & Yan[16] 证实了 CSR 确实影响了市场对于新冠疫情的反应——CSR 评级与短期内的股票收益呈现正相关，印证了 CSR 在负面冲击中

---

① 道德资本：指道德投入生产并增进社会财富的能力，是能带来利润和效益的道德理念及其行为。

类似保险的效果和信号效应①。除此之外，非国有企业在 CSR 方面的保险效应与国有企业比更为显著。

还有一些学者[17] 关注到了疫情期间企业对社会责任预算和支出的增加。通过对新兴市场的研究，他们发现，企业在抗击疫情中发挥着重要的作用，特别是当政府呼吁企业一起努力时，得到了许多大型企业和品牌的反馈；与此同时，因为疫情，各个利益相关方对企业承担更多社会责任有了更大的期望，而他们的研究也证实，那些能够在疫情期间投资于真正社会责任的公司，能够战略性地弥补利润率的下降。

实际上，通过新冠疫情，我们能够看到企业在社会责任中的延伸。企业与顾客、社区、员工、政府、各种组织等形成的价值网络，在灾难面前有了更具象的体现。

趋势二：顾客对 CSR 越来越"挑剔"

如今，媒体对企业社会责任的报道越来越多，公益、慈善、环保、绿色、节能也成为社会公众愈发关注的议

---

① 信号效应：通常是指通过干预行为本身向市场上发出信号，以影响市场参与者的心理预期，从而达到实现汇率相应调整的目的。

题。甚至从某种程度上说，媒体已经成为企业和利益相关者之间沟通的桥梁。不过，也正因为如此，不少企业将 CSR 看作企业形象的主要部分，主要由公关部门负责相关事宜，主要目的是提高企业声望，而与业务发展的关系不大。弗里德曼就曾说："企业的很多商业活动经常打着履行社会责任的旗号来进行。"还有人提出，这些所谓的 CSR 活动对于它们而言，只不过是为了转移公众的注意力，粉饰或者掩盖企业存在的真正问题。

美国环境学家杰伊·韦斯特费尔德（Jay Westerveld）创造出了"洗绿"（也称"漂绿"，greenwash）这一概念，之后，该词汇被《牛津英语词典》收录，人们对"洗绿"的定义是"企业伪装成'环境之友'，试图掩盖其对社会和环境的破坏，以此保全和扩大自己的市场或影响力"。

2021 年初，欧盟委员会对数百个线上销售网站（涉及服装、化妆品、家用设备等行业）进行了全面调查，结果显示，有 42％的产品环保声明涉嫌"夸大、虚假或具欺骗性"。同年 6 月，市场发展基金会（Changing Markets Foundation）发布报告，对多家奢侈品牌、快时尚品牌和线上零售品牌进行了评估，其中 59％的带有可持续性相关声明的评估产品被归为"未经证实""误导"甚至"洗绿"[18]。

过去，消费者可能很难识别企业是否通过"洗绿"来掩盖自己的真实行为。不过，如今的人们往往对品牌的真诚与否有着更高的敏锐度，并判断出其所宣传的"可持续"究竟是一场公关或营销行为，还是出于社会责任的目的而进行的可持续化探索。

不少研究聚焦在公众对于企业所采取的 CSR 活动的偏好上。一些学者发现，与直接资金资助的形式相比，非现金形式的 CSR 活动在消费者看来更为投入并且更富有感情——这也代表着，消费者很有可能更倾向于公司以非现金的形式来进行 CSR 活动。此外，还有一些研究显示，其实消费者对于 CSR 有着天然的"怀疑"。甚至不乏有消费者认为，许多 CSR 行动只不过是"装装门面"的事情——进而会影响到消费者对品牌的态度、购买意向、口碑传播等。然而，企业却可以通过释放和传递正面的具体阐述以及更为人信赖的信息而获得消费者积极正面的回应。不仅如此，这种效果还能够经受住时间的考验，也有助于消费者回忆和辨识出有关 CSR 行为的信息。总而言之，正是因为消费者对 CSR 与生俱来的怀疑态度，企业应该使用更为经济、更为有效的方式向消费者传递信息。

此外，拥有"绿色"消费意识的消费者数量也有了明显增长。以中国市场为例，阿里研究院和阿里公益在《2016 年度中国绿色消费者报告》中首次提出了"绿色消费者"的概念，即那些关心生态环境、对绿色产品具有现实的购买意愿和购买力的消费人群。他们具有绿色意识，并已经或可能将绿色意识转化为绿色消费行为。当年的报告称，阿里零售平台上符合绿色消费者特征的人群达到 6 500 万人。绿色消费理念在中小城市的认同度与一、二线城市基本持平，显示出绿色消费理念在中小城市同样深入人心[19]。

趋势三：CSR 让员工的工作更有意义

员工是公司内部利益相关者中最重要的组成部分。组织对待员工的方式、态度会影响员工的心理感知，从而决定其态度及行为付出。

在 2012 年《管理杂志》的一篇论文中，两位作者 Aguinis & Glavas 对企业社会责任如何影响组织内的员工进行了广泛的回顾[20]，对于那些已经跳上 CSR 列车的公司来说，这看起来很不错。正如绿山咖啡烘焙厂的创始人罗伯特·斯蒂勒（Robert Stiller）所说："我已经了解到，当有更高的利益与之相关时，人们就会有动力，更愿意去做更多的事情来使公司获得成功。它不再只是一份工作。工作变得有意义，这使我们更具竞争力。"

两位学者 Flammer & Luo 的研究调查了公司是否运用了 CSR 来提高员工的参与度，并且缓解工作场所的有害行为，例如偷懒和旷工等[21]。他们的研究显示，许多员工相关的 CSR 提升主要发生在那些劳动力集中、竞争更为激烈、受制于更容易不满的利益相关者的行业中。而 CSR 的提升能够增加员工的创造力，使自己与竞争对手与众不同，并且减少员工对公司负面形象的不满。

还有一些研究表明，CSR 能够帮助员工将更多的"自我"带入工作中，从而使员工更加投入，更有参与度。因此，CSR 也应该更加个性化，并且找到能够真正在深层次上打动人心的东西，与一个人最有意义的东西和核心价值联系在一起，能够提高员工参与度的公司将在市场上更具有竞争优势。

整体而言，CSR 对员工表现的影响可以体现在以下几个方面（见表 2.1）。

表 2.1　CSR 对员工表现的影响

| 增强组织公民行为 | 如果员工认为他们的雇主在"做正确的事"，他们也会认为自己在"做正确的事"。当组织实施 CSR 的最佳实践时，员工更有可能对他们的同事和组织采取合作行为，不遗余力地帮助他们的伙伴。同样地，CSR 促进了员工之间更高质量和更紧密的关系 |

增强员工对组织的认同	当员工觉得他们的组织有社会责任感时，他们会对企业产生更大的认同感。事实上，在决定员工对其工作场所的认同程度方面，社会责任可能比财务成功更重要。这种认同感的增强将意味着员工更乐于工作，并与他们所从事的工作有更深的联系
提高留任率和组织承诺	员工对组织 CSR 的积极感受可以增加员工留任的意愿和对组织的整体承诺。承诺包括了一系列积极的态度，比如员工有多喜欢他们所在的组织，为组织作出个人牺牲，以及看到自己未来的成功和组织的成功联系在一起
对未来员工更有吸引力的公司文化	除了增加现有员工对组织的承诺，CSR 可以使组织看起来对未来的员工更有吸引力。在千禧一代希望为"高影响力"组织工作的时代，CSR 可以帮助公司吸引顶级人才
更好的员工参与度和绩效	事实证明，当员工对公司的 CSR 感到满意时，他们的参与度更高，表现也更好。通过让员工了解公司在 CSR 方面做出的努力，可以帮助员工更积极地参与他们的工作
增加创造力	CSR 可以增加员工的创造力，包括产生创新的实用性，原创性地解决问题。当组织通过 CSR 表达他们的价值和激情时，员工可能会受到启发，产生新的和更好的工作方式

资料来源：作者整理。

趋势四：CSR 报告的质量与数量同样重要

CSR 报告起源于企业环境报告。20 世纪 80 年代，环境污染严重的国际公司开始尝试内部的环境审计；到了 90

年代，环境的计量变得很常见，公司开始支持自愿对外披露环境报告的行动；进入 21 世纪后，全球 CSR 报告出现了迅猛增加的势头，原先，占主导地位的环境报告已迅速让位于更为全面反映公司与社会关系以及公司相关利益者管理业绩的 CSR 报告和可持续发展报告。如今，企业发布 CSR 报告的必要性已经无须赘述：无论是为了强化内部管理，塑造企业外部形象，还是提升企业竞争力，增加品牌美誉度……CSR 报告是企业主动披露和回应公众关注、主动展开社会沟通、增强企业运营透明度的载体和工具。过去 20 年中，全球大型企业的 CSR 报告无论是数量还是质量都有了显著的提升。

不过，CSR 报告仍然面临一些问题：比如，这些披露的报告从格式、方式方法和内容要素的角度看都缺乏一致性，与此同时，对于报告的内容质量和精确性也缺乏评估体系。虽然全球报告倡议组织（GRI）和 ISO 26000 标准旨在解决这个问题，但它们主要聚焦在 CSR 报告的制作流程，缺乏对于实施阶段的评估和披露信息准确性的确认。三位作者 Sethi, Martell & Demir 发现，那些拥有更高质量 CSR 报告的核准[①]程度更高，而公司规模的大小与 CSR

---

① 核准：是指行政机关按照技术标准和经济技术规范，对申请人是否具备特定标准、规范的判断和确定。

报告的核准程度没有紧密的联系[22]。与此同时，那些身处环境和社会敏感度较高的行业中的企业，其 CSR 报告的核准程度会更高。从地区来看，西欧的企业相较东亚和北美的企业，CSR 报告的核准程度更高，除此以外，这也与法律体系有所关联。整体而言，只有完整地在 CSR 报告中公开披露所有情况，并且对其加以解释，才能够真正获取公众的信任。

从另外一个角度来看，一些学者对 CSR 报告的内容与形式进行了深入的探讨。CSR 报告中，不少企业会阐述自己的 CSR 战略，比如聚焦社区或放眼全球，形式上经常采用文字和图片的展示方式。然而，这种类型的 CSR 报告对于每天都在跟数字打交道的投资人而言，是否足够"友好"和有效？三位学者 Elliott, Grant & Rennekamp 运用理论和试验发现，通过阐述 CSR 战略及使用文字和图片的展示方式能够增加投资人对于该企业的投资意愿——特别是那些对数字略不敏感的投资人[23]。与此同时，他们也证实了 CSR 报告能够通过信息披露的风格特征来影响其他人对公司价值的观念。换句话说，一家企业在撰写和设计自己的 CSR 报告时，一定要考虑到自己的受众以及他们接受信息的主要方式和方法。

据统计，截至 2021 年 10 月 31 日，中国各类企业和组

织共发布社会责任报告 1 940 份，其中，非企业组织报告
14 份、企业报告 1 926 份。在中国发布的企业社会责任报
告数量总体上呈现增长趋势。这背后除了 A 股上市公司的
CSR 理念逐步深化外，更离不开相关监管政策的要求（见
表 2.2）。

表 2.2　中国为倡导 A 股上市公司发布 CSR 报告的多项政策

2006 年，深圳证券交易所发布《上市公司社会责任指引》，倡导上市公司积极履行社会责任，鼓励上市公司建立社会责任制度，定期检查和评价公司社会责任制度的执行情况和存在的问题，形成和发布社会责任报告
2008 年，上海证券交易所发布《关于加强上市公司社会责任承担工作暨发布〈上海证券交易所上市公司环境信息披露指引〉的通知》，鼓励上市公司及时披露公司在承担社会责任方面的特色做法及取得的成绩，并在披露公司年度报告的同时在上交所网站上披露年度社会责任报告
2017 年，中国证监会发布《公开发行证券的公司信息披露内容与格式准则第 2 号——年度报告的内容与格式》，明确提出分层次的上市公司环境信息披露制度，以及鼓励公司披露精准扶贫规划、成效等方面的信息
2021 年 12 月 24 日，全国人大常委会审议《中华人民共和国公司法（修订草案）》并向社会公开征求意见，提出"国家鼓励公司参与社会公益活动，公布社会责任报告"
2022 年 1 月 7 日，上海证券交易所、深圳证券交易所分别更新了股票上市规则，提出"公司应当按规定编制和披露社会责任报告"

资料来源：作者根据公开资料整理。

整体而言，发布 CSR 报告可以起到更好地调动市场的
作用，也可以成为很好的管理工具，不过，许多报告的可

靠性、客观性、可比性和兼容性等，仍有待加强。

趋势五：全球 ESG 投资规模不断扩大，信息披露稳步上升

　　伴随着 CSR 的普及，投资者逐渐意识到企业的 CSR表现可能会影响其投资收益。不过，人们很难在模糊和较为主观的 CSR 标准里找到可以量化的标准，来转化成对企业价值的评估。于是，投资者们开始系统性归纳对投资回报产生重要影响的非财务指标。2004 年，联合国环境规划署金融行动（UNEP FI）联合其他机构首次明确提出环境（environmental）、社会（social）和治理（governance）三大要素，并认为它们是影响股东长期利益的重要因素，ESG 成为系统化考察投资标的非财务因素的标志[24]。从环境（E）的角度，ESG 投资关注气候变化、资源消耗、废弃物、污染和砍伐森林等；从社会（S）的角度，ESG投资关注人权、现代奴役、童工、工作条件和员工关系等；从公司治理（G）的角度，ESG 投资关注贿赂和腐败、高管薪酬、董事会的多样性和结构、政治游说和献金以及税务策略等[25]。有学者认为，ESG 是 CSR 的升级版，原因有二：一是前者为投资驱动，相较后者有更强的实践

基础；二是与后者相比，前者有更完整和量化的治理体
系，在实施上有更强的标准和指导性。笔者比较赞同这个
观点，此外，在视角和应用上，也必须看到两者有一定的
差异（见表 2.3）。

表 2.3　CSR 与 ESG 的差异

	CSR	ESG
视角的差异	多利益相关方视角，关注的群体较为广泛	从资本市场的投资者角度出发，聚焦企业社会绩效与股东回报的关系
应用的差异	应用场景比较宽泛，可能出现在企业的供应链管理、品牌营销、社区沟通、员工管理等领域	聚焦在资本市场，特别是在投资者与上市公司之间

资料来源：根据公开资料整理。

　　不过，笔者认为，严格分辨两者的差别和关系并不是
本书的重点，因为无论是 CSR 还是 ESG，两者的终极目
标是一致的，即企业可以实现长期稳健发展，既为股东也
为社会创造价值——这是企业发展到一定阶段必然要考虑
的战略方向。换言之，一家在 CSR 方面尚未有任何努力或
措施的企业，即便面对 ESG，也会感到毫无头绪、相当
混乱。

　　过去十几年里，ESG 投资在全球资本市场的关注度持
续升高，投资规模也在持续增长。从全球来看，欧美地区

ESG 投资起步早，如今也主要集中在美国和欧洲等发达国家和地区，几乎可以占到全球 ESG 投资规模的八成。《2020 年全球可持续投资回顾》显示，到 2020 年底，澳大利亚、欧洲、美国、加拿大、日本作为全球 ESG 投资的五大市场，投资规模总额达到 35.3 万亿美元。在全球范围内，ESG 投资逐渐发展为主流化趋势。MSCI 2021 年初发布了对全球共管理 18 万亿美元的 200 位机构投资者的调研结果，有 70％以上的投资者计划在 2021 年底前适度或大幅增加 ESG 投资。ESG 已经逐渐成为全球投资者在风险管理中必然要考虑的因素。全球越来越多的市场也开始对责任投资基金提出了信息披露要求。以美国为例，2022年 3 月 21 日，美国证监会（SEC）发布《上市公司气候数据披露标准草案》，指出未来美股上市公司在提交招股书和发布年报等财务报告时，均须对外公布公司的碳排放水平、潜在气候变化问题对公司商业模型和经济状况的影响、管理层的治理流程与碳减排目标等信息。同时，SEC还明确了上市公司气候数据披露的三大范畴：一是公司碳排放信息；二是其生产经营活动的碳排放情况；三是其供货商和合作伙伴的碳排放数据。按照规划，所有美股上市公司须在 2026 年前，实现前两项气候数据披露工作（除了一些小市值公司能获得豁免），大部分上市公司还须在

2026 年前完成第三项气候数据披露。其中，大型上市公司（市场普遍预期是标普 500 指数成分股）要在 2024 年与 2025 年完成上述气候数据披露工作。

既然 ESG 主要聚焦在资本市场，那么作为对企业价值的评估工具之一，评估标准也必不可少——你可以把它看成一种将大量复杂数据汇总为单一衡量标准、对许多因素（因素之间可能互相冲突）进行权衡的简单化、显性化的工具。到 2021 年末，全球有超过 600 家评级机构，并各自有其评级标准。摩根士丹利资本国际公司（MSCI）、KLD、彭博、汤森路透、富时罗素、道琼斯、Sustainalytics、恒生、晨星、碳信息披露项目（CDP）等发布的评级指数有较大的国际市场影响力[26]。中国主流的 ESG 评级体系有华证 ESG 评级、中证 ESG 评级、商道融绿 ESG 评级、WindESG 评级、富时罗素 ESG 评级、嘉实 ESG 评级、社会价值投资联盟 ESG 评级等。无论是哪种机构的评级标准，基本都采用金字塔式评分体系，从 ESG 的 3 个一级指标出发，分层拆解细化至公司层面百余项底层数据指标。ESG 评级结果是在指标权重分配的基础上，考虑到不同行业之间的差异性，结合绝对分数和相对排名来呈现的。

在责任投资理念进入中国的初期，一方面资本市场不成熟，短期片面追求投资利润的倾向盛行，投资者很难始终如一地坚持价值投资和长期投资；另一方面，投资者对于责任投资策略也会抱有收益担忧或偏见。事实上，在资本市场引入责任投资理念，有助于引导资源向社会责任良好的企业配置，促进资产管理行业健康稳定发展。随着监管层一系列政策的支持和引导，责任投资的推广逐渐步入加速期。2017 年 3 月，由中国证券投资基金业协会和联合国责任投资原则（UNPRI）共同主办的"负责任的投资原则：ESG 定义投资新趋势研讨会"在北京举行。中国证券投资基金业协会会长洪磊在致辞时指出，我国正处于经济转型升级的关键时期，推动中国经济可持续发展，服务中国经济供给侧结构性改革，资管行业责无旁贷，必须积极践行以保护环境资源、维护社会正义、强化公司治理（即 ESG）为核心的社会责任投资。2017 年 6 月，全球主要的指数供应商之一 MSCI 决定从 2018 年 6 月开始将中国 A 股纳入 MSCI 新兴市场指数和 MSCI ACWI 全球指数。所有被纳入 MSCI 指数的上市公司，都要接受 MSCI 的 ESG 评估，中国股市标准与国际接轨步入新的阶段。

　　不仅如此，ESG 投资中的绿色金融概念已成为中国"十三五"规划的战略目标之一，其要求社会资本在绿色投资中占到 85％以上。《构建中国绿色金融体系：进展报告 2017》指出，中国已经确立了自身在绿色金融领域的全球领先地位，无论是在国内政策引导还是在国际领导力方面，都取得了实实在在的进展。报告指出，中国已成为推进全球绿色债券市场发展的重要动力。2017 年上半年，中国累计发行 36 只绿色债券，价值 776.7 亿元人民币（约合117 亿美元）。绿色债券的发行数量、规模较 2016 年同期分别增长 278% 和 28%。

2017 年 12 月，时任中国国务院副总理马凯和英国财政大臣菲利普·哈蒙德（Philip Hammond）在北京共同主持了第九次中英经济财金对话。在《第九次中英经济财金对话政策成果》中，中英双方支持绿色债券市场发展，鼓励中英优质企业跨境发行绿色债券。中方欢迎英国机构投资者投资中国绿色债券市场。因此，绿色债券的国际化进程将会加快，助力中国绿色金融继续领跑世界。

在多重因素的推动下，近年来中国 ESG 和绿色金融市场的规模有了较大幅度的增长。以 2021 年为例，绿色信贷余额比往年增加了 2 万多亿元，泛 ESG 公募基金的规模和绿色债券的规模都比往年翻了 1 倍多[27]。市场规模增长的意义重大，意味着 ESG 和绿色金融成为主流金融机构关注的新增长点，市场上会涌现更多类型丰富、策略多样的 ESG 和绿色金融产品。转型金融将成为规模式增长的一个重要部分，毕竟绿色资产规模相对较小，大量的资产要从不绿向绿、从浅绿向深绿转型。不仅如此，实际上中国的银行家对 ESG 有着更为深远的期待。"ESG 将成为新时期人民币国际化的重要理念，加快新型能源体系下的人民币碳金融市场建设，并以此促进人民币国际化正当其时。"交通银行行长刘珺在"2021 国际货币论坛"上表示，ESG 将成为人民币国际化的新载体。中国的 ESG 投资在近两年蓬勃发展，基金产品的数量和产品规模都在快速提升，但就总体规模而言，同欧美万亿美元的 ESG 投资市场规模相比还有一定差距，需要相对宽松的监管环境以及监管对于 ESG 投资的方向进行引导，推动 ESG 投资持续发展。

如今，伴随着绿色、开放、共享理念的深入人心和"双碳"目标的国家级战略部署，中国企业对于 ESG 的披露愈发重视。研究显示，2023 年 6 月底，近 5 成上市公司披露了 2022 年 ESG 相关报告[28]。不仅如此，中国互联网企业在近两年也纷纷展现了对 ESG 的"热衷"。在一篇名为《大厂为何都在做 ESG》的文章中，作者统计，2021 年以来，腾讯、阿里、京东、拼多多、网易、百度等头部互联网大厂，都已经披露了独立的 ESG 报告。这背后，是大型互联网平台在国家"碳中和"战略下，将 ESG 纳入企业自身的战略目标中，进行积极的转变和响应。阿里巴巴集团可持续发展管理委员会主席陈龙在接受媒体访谈时这样解释："ESG 不是我们在业务之外另设的一个部门，或者增设的一个新业务，而是完全融入了阿里巴巴原本的商业设计，是一个专门的职能机构，由专人负责规划，并且推动整个战略在集团内的实施。阿里巴巴在董事会这一最高层级设立了可持续发展委员会，这是前所未有的。"[29] ESG 在中国市场的日渐普及，意味着越来越多企业的企业社会责任在被更加量化和显性化——这已经逐渐成为主流的共识。如今，首先是中国的大型企业开始行动，未来，中小企业也会依据自身发展情况，顺应潮流，主动进行转型。

上述研究和趋势都印证了这样一个问题：伴随着经济转型和升级的内在要求，责任投资，特别是 ESG 和绿色金融即将迎来更加广阔的发展机遇期。"未来的企业"需要认识到，企业会面临越来越多来自消费者、员工、政府、合作伙伴等诸多相关方的压力，坚持商业向善，应是一场持久和比拼耐力的马拉松，只有秉持长期主义，持久践行可持续社会价值的企业，才能获得更稳健的发展。

第 3 章

中国式企业责任

2022 年，全球很多国家都经历了炎热天气，许多地区甚至出现了近百年来的最高气温，气候变化愈加成为经济发展不可回避的重要议题。伴随着中国经济的快速发展，经济发展与环境保护之间的矛盾也日益突出。"双碳"目标的提出，促使中国企业从单纯关注经济收益，逐渐过渡到重视自身所肩负的包括环境可持续发展和社会福祉在内的社会责任。

在宏观外部环境高速变化的今天，企业肩负的社会责任不论是内涵还是外延都更加丰富。中国企业对于社会责任的关注和践行，也逐渐从最初的合法依规，服务于合规需求，发展到重视企业与环境和社会价值的共同创造。不仅如此，中国企业对于社会责任与自身经营的深度结合，也推动了全社会对于企业社会责任的共识进一步加深。

企业不再满足于单纯的公益活动，而是越来越从自身能够为环境和社会提供的核心价值出发，着眼于为公众提供更多的环境和社会友好的产品和服务。这样的做法不仅增进了环境和社会福祉，也在很大程度上迎合了消费者的新需求和新偏好。通过企业社会责任的实践，企业在丰富商业价值的同时也创造了社会价值，既获得了消费者和其他利益相关者的青睐，又对环境和社会有所贡献。

不仅如此，资本市场的投资机构和投资者们也认为，重视社会责任和重视长期价值的企业更具有投资价值。投资者们看好那些能更好地管控非财务风险的公司，因为它们的经营更加稳健，投资回报也更加稳定。所以，近些年来绿色金融和责任投资方兴未艾，这也吸引了中国金融机构和企业的广泛关注。

本章聚焦于中国式企业社会责任的发展趋势，并结合中国企业实践社会责任的案例分析，旨在帮助读者了解企业如何践行义利合一的目标。

拥抱共享价值，驱动商业模式创新

什么是共享价值？在波特的共享价值理论中，共享价值是指用以提升公司竞争力并促进其所在社区的经济与社会情况的政策和经营实践。共享价值的焦点在于社会和经济效益的融合以及它们如何共同发展。前文提到，企业想要实现共享价值可以从三个方面着手：第一，重新思考产品和市场；第二，重新定义价值链上的生产力；第三，推动地方产业集群的发展。对于企业而言，创造共享价值的关键在于识别所有潜在的社会需求、利益和风险，因为这些因素往往直接体现在公司的产品和服务中。企业要重视外部环境的变化，因为这样的机会并不是一成不变的，随着技术的更新、经济的发展和社会的进步，潜在的需求也在不断发生变化。企业只有时刻关注外部环境，审视内部资源和能力，找到价值链上的切入点，才能通过共享价值将公司的成功更好地与社会进步联系起来。显而易见的是，只有从公司最核心的业务出发，才能创造出最丰富的机会，才能创造出最大的经济效益和社会价值，从而维持共享价值的可持续发展。共享价值也是企业战略的有机组成部分。战略的本质在于选择一个独特的定位和一个特定的价值链来实现它。而共享价值带来了许多需要满足的新需求、需要提供的新产品、需要服务的新客户，以及重构价值链的新方法。

我们也惊喜地看到许多中国企业正在拥抱共享价值，实现企业社会责任的可持续发展。步步高集团的"点石计划"，一个致力于建立扶贫长效机制的产业扶贫项目，就是其中的代表之一。所谓"点石计划"，是指步步高集团根据不同贫困地区的自然资源、劳动人口和种植习惯等实际情况因地制宜，为贫困村提供量身定制的脱贫计划，涉及农产品种植、销售、技术支撑等方方面面。该计划旨在整合当地相关资源，为当地农民找到最合适的脱贫致富之路，解决产业扶贫的难题。步步高集团充分利用自身在销售渠道、信息技术、仓储物流等方面的供应链优势，为贫困户提供生产管理和技术培训等服务。比如，通过市场大数据分析，为贫困村精准提供市场稀缺的农产品，引导其调整种植结构。所谓授人以鱼不如授人以渔，输血不如造血，正如步步高集团董事长王填所说，"我们参与产业扶贫，并不是心血来潮，而是基于集团独特的资源优势，以市场化机制精准帮扶贫困村，实现可持续发展"。步步高集团通过做业务，而不是做慈善的方式，参与贫困地区的产业扶贫计划，在创造社会价值的同时，实现企业与社会的双赢。

　　企业在满足新的市场需求时，通常需要重新设计产品和服务或者采用不同的分销渠道，这些要求都可能引发根本性的创新。要真正释放企业创造社会价值并从中获利的潜力，就需要新的商业模式，而共享价值就是开启商业模式创新的关键。商业模式创新，无论是否与共享价值相关，都是一项非常复杂的工作。首先，企业对商业模式的概念理解不透，经常纠结于如何描述自己公司的商业模式。其次，虽然商业模式创新与战略有着根本的联系，但企业在分析商业模式时往往忽略了战略的指导作用。从创造共享价值的角度切入商业模式创新更是增加了这项工作的复杂度，因为共享价值需要多重维度的思维水平，需要对价值创造拥有更广泛的视角，而不仅仅是依赖于传统商业模式构建的理论框架。那么企业如何创造共享价值并驱动商业模式创新呢？

首先，企业要认真分析，对于不同的利益相关者而言，公司目前的商业模式是如何创造、破坏或遗漏创造共享价值的机会的。其次，企业要根据商业模式回答以下问题：第一，价值是和谁一起创造的？是为谁创造的？对不同利益相关者的结果是什么？第二，企业和利益相关者之间发生了怎样的价值交换？他们的投入在商业模式中是怎样体现的？第三，企业需要从不同的利益相关者处获得怎样的投入来进行价值创造，其中是否有保持或扩大投入的机会？正确回答这些问题，企业就能够从共享价值的角度对公司当前的商业模式有一个比较全面的认识；然后，企业就可以从中识别出符合自身战略的潜在机会，并确定各利益相关者的兴趣和参与度。最后，企业就可以根据其战略一致性将其融入商业模式，完成商业模式的创新和迭代。

共享价值理论的提出给企业的商业模式创新带来了新的思路，共享经济的商业模式便可从创造共享价值的角度进行解读。所谓共享经济，如爱彼迎、摩拜单车、滴滴出行等，通常是借助一个线上平台让用户自由获取或分发资源，再从中获得补偿或费用。从更广义的角度来说，共享经济是指在线上平台建立起一个公共资源池，让用户可以自由交易未充分利用或闲置的资源（如劳动力、机器、空间、服务、知识或信息，以及消耗品等）。共享经济已经逐渐改变了客户的消费方式，让消费者养成从购买到分享新产品和服务的习惯。从共享单车到滴滴出行，从共享衣橱到民宿酒店，共享经济已经渗透到衣食住行的方方面面，也有越来越多的企业尝试向"共享经济"的商业模型转型。从底层逻辑而言，共享经济在创造共享价值方面具有巨大的潜力，因为它致力于社会共同的减排目标，力图减少产品对环境的影响，注重重复利用、循环利用和鼓励分享的原则。共享经济的本质其实就是创造共享价值，共享经济之所以能够生存和实现价值创造活动，是因为社会的支持（如平台的用户、投资人、合作方等），而共享经济也能在其价值链中找到创造社会价值的关键点。因此，笔者进一步认为，共享经济能在商业生态系统的层面与关键利益相关者共同创造共享价值，并将其嵌入可操作的指导方针中，以创造有竞争力和可持续的优势。

　　共享经济方兴未艾，中国企业也在不断挖掘创造共享价值的新机会，进行商业模式创新。"猪八戒网"，一个拥有"利他基因"的服务共享平台，一家服务众包领域的独角兽，便是一家将商业价值与社会价值有机结合的企业。时至今日，基于人才共享的"猪八戒网"已经拥有超过

2 000 万名注册用户，凭借专业人才和服务机构，可为企业提供超过 1 000 项定制服务。"猪八戒网"最初的商业模式是通过悬赏将买家的个性化需求与卖家的创意服务能力相匹配，搭建起连接买家与卖家的服务交易平台。随后，网站开始提供招标功能，创意需求方可在众多服务方中选择最满意的来提供创意服务。在积累了海量的用户资源、服务方资源和原创作品后，"猪八戒网"转型成为"数据海洋"，在知识产权、金融、软件等多个领域为用户提供延伸服务，并凭借自身的海量数字资源和创新能力，帮助传统中小企业进行数字化转型升级，充分释放自身潜力。与此同时，"猪八戒网"也在积极地为弱势群体包括残疾人、退役军人、在校大学生等提供技能培训、就业服务、创业支持等方面的帮扶工作，助力弱势群体解决就业问题，实现自我价值。不难看出，"猪八戒网"在不断挖掘利益相关者的潜在需求，并在自身价值链中找到可以与之匹配的商机，调整自身业务结构以满足用户需求。在共享价值理论的驱动下，在"利他"理念的推动下，"猪八戒网"不断进行商业模式的更新和迭代，专注于解决用户痛点，创造社会价值。

　　本章案例介绍了"多抓鱼"循环商店——一个快速成长的二手书籍交易平台的发展历程，并在案例点评中介绍了另一个基于共享价值演变的商业模式——"循环经济"（circular economy），以此帮助企业理解如何用商业模式创新来打造"循环经济"。

案例：多抓鱼——二手书的"循环"生意

2020 年 12 月 16 日，上海的"网红"地段安福路上，有一家名为"多抓鱼"的商店正式开门营业。在这条小路上，聚集了各种小吃店铺、餐酒吧、咖啡店、面包房等，多抓鱼循环商店位于一栋三层建筑内，在里面，有蔬菜筐元素的书架，米白色复古水磨石地板，充斥着一种复古味"市场"的感觉。在书架上，陈列着约 13 000 册各类书籍，以原价 3—4 折的价格进行销售，主题涵盖文学、诗歌、哲学、历史、电影、音乐、手工艺和生活方式等。该店铺现如今已经成为"文艺青年"们追捧的新消费"地标"。

不过，多抓鱼并不是一家传统书店，而是一个成长迅速的二手书籍交易平台。2017 年 5 月上线后，多抓鱼一直通过线上渠道回收和售卖二手书，用户在多抓鱼 App 上既可以买书，又可以卖书。换言之，多抓鱼利用 C2B2C 买断的形式切入二手书买卖，用集约化、规范化的方式，提供了一套二手书定价、回收、清洁翻新，以及再次循环（买卖）的服务[30]。

多抓鱼的名字有两层含义：从拼写来看，"déjà vu"

是法语单词，描绘在陌生场景产生的"似曾相识、旧事幻影"之感；从中文语义来看，创始人"猫助"把用户比作挑剔的猫，如同捞取游鱼般寻找自己喜欢的二手书[30]。

创立不久，公司很快便获得了经纬中国、腾讯等投资人的青睐：2017 年 4 月，多抓鱼获得险峰长青领投、嘉程资本 400 万元天使轮融资；同年 12 月，获得经纬中国领投超过 4 761 万美元 A 轮融资；2018 年 5 月，多抓鱼又获得腾讯将近 1 250 万美元 B 轮融资，估值为 1 亿美元[31]。

到 2021 年，经由多抓鱼平台流转循环的二手书已经超过 1 300 万本[32]。

多抓鱼的由来

多抓鱼的创始人和 CEO "猫助"，本名魏颖，因大学生活的经历产生了建立二手书交易平台这一想法。

大学时期，热爱看书、看电影的魏颖将自己的大部分生活费用来购置书籍和碟片，不仅占用空间，生活费也有些告急。在这种情况下，她和朋友就开始了自己的"摆摊儿"生意，伪装成即将毕业的大四学生，去毕业季跳蚤市场出售自己闲置的影音制品、书、衣服和鞋子。

很快，闲置的物品售罄，有些影碟甚至能够原价售出。有了"回血"资金的魏颖又购入大量自己喜欢的书籍和影碟，看完再拿去出售，如此循环往复，"以贩养吸"。时间久了，学校内有人问她："你怎么几年还没有毕业？"虽有些尴尬，但魏颖却冒出了一个想法：如果有一个渠道可以交易一些耐用消费品的话，其使用成本就会大大降低。

毕业之后的魏颖先后在搜狐和知乎工作，并在知乎遇到了自己未来的合伙人陈拓。在谋划共同创业的过程中，魏颖进入了闲鱼工作，以此为契机，魏颖深入研究了日本和美国的二手交易行业和案例，为之后的创业打下了基础。她和陈拓主要参考了日本最大的二手书籍连锁店BOOKOFF，并以此为目标开展了自己的事业。在分工上，魏颖发挥自己极强的营销和品牌推广能力，而陈拓则主要负责产品开发部分。

BOOKOFF 可以说是 20 世纪 90 年代日本经济泡沫破灭后的产物，其拥有日本最大的二手书库存，超过 1 亿册，同时近年来不断扩大游戏、家电、集换式卡牌等商品的占比，实体店和网店并行。BOOKOFF的成功离不开其对市场需求的满足，这包括"以二手书的价格买新书的质量"，二手书均经过研磨机的精心打磨变得光亮如新，看不到泛黄的污渍或原主人的笔记。在促销方面，公司崇尚一套简单的"价值/价格比"法则，只要一本书在 2 周内很快被卖掉，未来就把

> 同样一本书的定价提高；对于 3 个月没卖掉的书籍，就自动降价，并且书籍的价格也与库存直接挂钩，来提高商品的流通率。

在创业初期，两人做了大量的调研和验证工作，主要涵盖以下 4 个方面：

第一，中国二手交易行业是否适合进入？日本和美国的二手行业非常发达，中国的一二线城市有着巨大的潜力，积累了大量的潜在二手商品和卖家，闲鱼等平台的成功也验证了该模式的可行性。

第二，从什么商品切入二手交易市场？书籍是非常标准化的品类，而标准化是流通的重要前提。每本书都对应一个 ISBN 编码，可以获得封面、出版社、价格、评价信息。除此之外，书籍的使用和交易都比较高频，亚马逊、京东等电商平台均从书切入全品类。

第三，是否能够盈利？无论是从商业模式本身还是海外的标杆企业来看，盈利模式应该可行。

第四，解决了什么样的用户痛点？对于卖家，是可以将闲置书籍流转出去，方便可行；对于买家，是可以物美价廉地获得自己想要的书籍。

刚刚起步的多抓鱼由于没有经验，采用的是"1 折买进，3 折卖出"的模式，对于书籍来者不拒，导致数量迅速增加，但质量却不能保证，无法卖出的二手书籍也越来越多。这样大刀阔斧、没有门槛的收书模式遇到了极大的挑战。在 2017 年获得天使轮融资之后，魏颖用 50 万元做了收书试验，结果，大部分书籍都卖不出去。

在一次内部讨论中，魏颖将收书的标准归为 4 个类别，分别是人文、商业、生活、科技，而伪科学、倡导反智价值观、盗用作者名称、信息完全过时的书一概不收。

两人先以微信群为主阵地，将买家和卖家拉进群里，群主收集卖书信息，负责预约快递上门收取，并在收到书后进行估价，再将书单做成 Excel 表格发到群里供买家挑选——那时，魏颖曾自嘲多抓鱼是一个"Excel 表驱动的皮包公司"。就这样，伴随着口口相传，卖家和闲置二手书的积累越来越多，魏颖和陈拓开始寻找更多的工作伙伴加入。

之后，多抓鱼申请了自己的公众号，并建立了商城，自此，用户登录微信就可以在里面挑选自己想要的书籍，卖家也能通过公众号将自己的书籍卖给多抓鱼平台。2017年，多抓鱼一天只有两三单生意，一年半之后，他们最忙时一天需要发出 1 万多单的书籍快递。魏颖曾感慨："这就是多抓鱼，从一个简单的点子、一个想法，变成了一个拥有自动化工厂的公司，这一年半的时间，我们真的已经拼尽了全力。"[33] 就这样，多抓鱼完成了自己从 0 到 1 的初始阶段。

闲置经济和循环经济

一个二手交易行业的从业者曾说："一手经济发达了，二手经济才会出现。"二手经济，又称闲置经济，指的是用户在二手市场进行交易，置换闲置物品，延长商品在有限生命周期内的使用价值，从而将商品使用价值发挥到最大的一种行为。中国的循环经济在过去 30 年经历了一系列的发展阶段（见图 3.1）。从 2014—2020 年，中国闲置物品市场规模从 1 328.2 亿元增长至 10 520 亿元[34]。从用户规模的角度，二手电商平台用户数量在 2021 年突破了 2 亿人[35]。

政策层面鼓励循环经济

中国的资源循环利用产业在 2025 年将达到 5 万亿元。在政策方面，2021 年 7 月 7 日，国家发展改革委发布《"十四五"循环经济发展规划》（简称《规划》），提出了 3 个重点任务、11 项重点工程与行动，以及 4 个方面的政策保障。其中，《规划》提出，将鼓励二手商品市场"互联网＋二手"模式的发展，壮大再制造产业的规模；加强并完善新能源汽车动力电池的回收利用工作，加大政府绿色采购力度，等等。

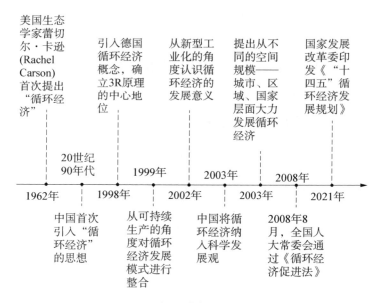

图 3.1 中国循环经济发展历程
资料来源：作者根据公开资料整理。

《规划》强调，无论从全球绿色发展趋势和应对气候变化的要求来看，还是从国内资源需求和利用水平来看，中国都必须大力发展循环经济，着力解决突出矛盾和问题，实现资源高效利用和循环利用，推动经济社会高质量发展[36]。

二手电商发展迅猛

与一手电商不同，二手电商作为一种线上交易平台，主要为"非第一次转手的交易行为"提供平台，其实质在于通过商品的二次流转获取商品的闲置经济价值。从交易方式的维度，二手电商主要包括二手买卖、二手回收和二手捐赠；而从产品品类的维度，主要涵盖电子产品、书籍和日用百货等消费品类。

表 3.1 列出了近几年中国二手电商的主要发展阶段。

表 3.1　中国二手电商的主要发展阶段

发展阶段	探索期（2002—2017 年）	市场启动期（2018—2020 年）	高速发展期（2021—2025 年）	应用成熟期（2026 年—）
特征	二手电商的诞生最初以线下二手交易寻求线上化发展为契机，2002 年，中国首家二手电商网站 C2C 平台孔夫子旧书网成立，主要用于二手书籍交易，标志着国内二手电商正式进入探索阶段。随后综合类交易平台崛起，2014 年，闲鱼成立，2016 年，转转成功推出	2018 年，二手电商行业虚假伪劣、信息不对称等经营痛点开始凸显，资本市场投融资初遇瓶颈，二手电商进入合并浪潮，2019 年，拍拍与爱回收合并，开始探索发展 C2B2C 模式；2020 年，转转与找靓机合并。在此阶段，业内主流模式为 C2B2C 和 C2C 并行	2021 年上半年，二手电商行业融资金额超过 57.5 亿元（不含二手车市场）；同年 6 月，万物新生于纽交所上市；7 月，《"十四五"循环经济发展规划》（提出规范发展二手商品市场，鼓励"互联网＋二手"发展模式）等利好二手交易的相关政策相继出台，国内二手电商行业迎来高速发展契机	根据研究预测，2026 年二手电商市场竞争格局基本确定（闲鱼、转转、万物新生三大平台独占鳌头，各垂直领域头部企业圈地精耕），平台进入应用成熟期

发展阶段	探索期 (2002—2017 年)	市场启动期 (2018—2020 年)	高速发展期 (2021—2025 年)	应用成熟期 (2026 年—)
企业	孔夫子旧书网、爱回收、优信拍、闲鱼、衣二三、转转、红布林、闪回收、阅邻、多抓鱼	漫游鲸、胖球、回流鱼、趣享物	鲸置 万物新生	

资料来源：根据公开资料整理。

从商业模式的角度，二手电商也呈现多元化的局面，依据模式的不同，其提供的具体服务项目也不尽相同，如表3.2所示。

表3.2 二手电商商业模式

商业模式	特征	代表企业
B2C	企业向个人售卖商品	找靓机、微拍堂
C2B	个人向企业售卖商品	爱回收
B2B	企业向企业售卖商品	采货侠、拍机堂
C2C	以平台为信息与交易载体，个人卖家向个人买家出售商品完成交易	孔夫子旧书网、转转、闲鱼、趣享物
C2B2C	企业从个人卖家处回收商品，经过鉴定和处理再加工后向个人卖家进行二次销售，并承担售后服务	转转、闲鱼、红布林、胖虎奢侈品、拍拍

资料来源：根据公开资料整理。

二手书市场的先驱与新秀

在多抓鱼之前，市场上有着诸如孔夫子旧书网这样的二手书籍交易平台；在多抓鱼出现后，市场上也出现了很多模仿者，既有 58 同城等大型平台，也有漫游鲸、熊猫格子这样的创业公司。

孔夫子旧书网于 2002 年创建，是全球最大的中文旧书网上交易平台，采用的是 C2C 的交易模式，网站为交易双方提供商品交易和信用保障的平台，角色比较固定，在图书定价、包装、物流、仓储等具体流通环节参与度较低。其"去中心化"的平台规则是主要特点，从盈利模式上，网站只向卖家收取交易佣金，不卖广告，也不为商家提供差异化服务。由于创办时间较早，孔夫子旧书网积累了较强的渠道优势———线下旧书店为网站提供了强有力的支撑。截至 2020 年 6 月，网站注册会员数达到了 1 500 万名，日均访问量 110 万人次[37]。

漫游鲸于 2018 年 5 月上线，6 月正式运营。在短短 1 年时间内，先后获得 2 轮千万元级融资。其特别之处在于平台的"虚拟书费"模式：用户将闲置书籍卖给"漫游鲸"，可以获得与原价等额的虚拟书费。而虚拟书费可用来在平台继续购买其他书籍，抵扣书籍原价的 85%，用户只需现金支付余下的 15% 即可，相当于用"1.5 折"买书。对于直接以买家身份进入平台没有书费或者书费余额不足的用户，则需以原价 4—5 折的水平购书，全部以现金支付。漫游鲸的盈利方式是收取 15％ 的佣金和非会员收入的费用，工业化处理二手书和物流是公司主要的运营成本。

C2B2C 的商业模式

如果说 C2C 模式是只提供交易平台，尽量少地干预交易过程，那么多抓鱼的 C2B2C 模式，则是深度控制交易，让用户从平台购买商品，而非从其他用户手中购买产品，以此来获得买卖的差价。为此，多抓鱼设计的交易模式是：用户在 App 上扫描二手书的 ISBN 码，便可以获得这本书是否可以回收、回收价格等信息；待这些信息确认后，用户就可以下单等待快递上门收购；多抓鱼经过翻新、消毒、包装、定价等一系列标准化操作，再将图书出售给需要的用户（见图 3.2）。

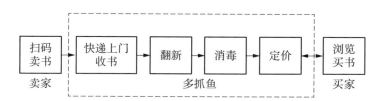

图 3.2　多抓鱼的交易模式

资料来源：根据公开资料整理。

　　在这个模式中，定价是决定多抓鱼能否盈利的关键。创业初期，一本二手书值不值得收，多少钱收，基本靠团队的人工判断，但现在基本都由机器和算法来决定——用户只要通过扫描 ISBN 码，就可以直观地看到这本书最新的回收价格。多抓鱼团队曾表示：我们通过算法来寻求市面上的二手书和它的需求者，并通过算法来管理这种供求关系以及定价体系。

　　换言之，在多抓鱼平台上，一本书的价格是根据其供需关系决定的：根据平台上的供需情况、书籍的品相等，多抓鱼会给出大致的回收价格；如果一本书在平台上供大于求，就会慢慢降价，如果这种情况一直持续，平台甚至会停止对这本书的回收；对于供不应求的二手书、长期缺货的二手书，则会慢慢涨价，甚至还设置了一系列机制来让用户"抢购"热门的二手书，包括"到货提醒""预订机制"等。

　　事实上，从多抓鱼上线以来，一直都存在着大量用户抢购同一本书的情况，而平台的价格机制会自发地对供需关系进行调节，并且没有无止境地提高稀缺书的价格，而是设置了一个 3 折回收、5 折售卖的价格上限。平台用一套内部的货币机制来解决这场"秒杀游戏"[38]，即集齐一定数量的预订券（平台上称其为"鱼"）才能提前预订，而要获得"鱼"，就必须尽可能地在平台上交易，多"刷存在感"——此举的目的无疑是为了提高用户的活跃度，越是活跃的用户，越有可能抢到自己心心念念的好书。

营造社区文化

由于图书消费本身就具有强烈的个人色彩和极强的社交性，而多抓鱼的商业模式也决定了平台对于交易过程较强的掌控能力，因此，在策略上，公司也一直在强调以用户为中心的社区文化氛围。公司主要围绕内容来构建用户与用户之间的连接，比如，用户可以共创书单，书籍的详情页可以看到买卖同一本书的用户，在书单中可以看到谁推荐了同一本书……种种功能都让用户可以顺藤摸瓜，找到与自己品位相似的用户，再从彼此的爱好中发现更多的好书。

多抓鱼还策划了一系列生动有趣的线上与线下活动，包括"多抓鱼 in 毕业季""多抓鱼箱子猫""最美丽图书馆""书中生物展"等，来加深用户对品牌调性的印象。此外，公司还利用 KOL 的效应，吸引和影响更多用户，做到口碑传播，用情怀代替硬广。

从线上走到线下

在多抓鱼的商业版图中，一个转折点是 2018 年的十一假期，那时的公司刚刚获得一笔投资，也积累了一定的知名度，于是考虑将二手书业务向线下拓展。当时，多抓鱼将天津库房里的 4 万册图书移到北京，发起了一场持续 6 天的"快闪书店"活动，并售出了 2 万多册二手书——这个成绩让公司内部打消了对线下实体二手书店的疑虑。

2019 年 10 月，多抓鱼第一家线下书店在北京开业，选址在朝阳区电影产业园的一处老厂房中。不过，2021 年底，这家书店关停，其新店于 2022 年初在北京三里屯正式营业。2020 年底，多抓鱼位于上海的实体店铺于安福路开业。

切入二手服饰交易市场

无论是从社会发展层面还是消费层面来看，二手交易服务的重要性在魏颖眼中都是不言而喻的。一方面，环境治理是重要的社会议题，环保宣传教育固然有一定的教化作用，但没有为消费模式提供新路径；相比之下，二手交易服务既能提高商品利用率、降低污染，又能满足消费者的购物需要。另一方面，二手交易服务迎合了当下人们的生活现状，加速闲置物品的流通为市场提供了方便快捷的渠道。

除了二手书循环生意，多抓鱼于 2021 年开始了一个全新的业务——二手服饰回收。这项业务在魏颖创业前就有所考虑，但当时行业的难点和痛点让她打消了这个念头。

在一次活动上，魏颖分享了她对二手服装供应链痛点的看法："第一，很难从源头上直接回收用户手中的服装；第二，很难将回收到的商品进行精细化分拣；第三，很难再次卖给国内市场的消费者。"[39]

在二手书回收领域几年的经验，让多抓鱼积累了一定的定价和供应链经验，这也是让团队下定决心进军二手服饰回收领域的主要原因。除此以外，二手电子产品领域也是多抓鱼的一个重要尝试。

在循环经济下，像多抓鱼这样的二手电商屡见不鲜，各个平台在专业化、服务、细分人群等方面都有所差异。多抓鱼让我们看到，一个初创平台可以运用自身优势，挖掘这个市场巨大的潜在需求，其成长空间具有无限的潜力。

案例点评：用商业模式创新来打造"循环经济"

"循环经济"这一概念早在 20 世纪 60 年代就已经提出，美国经济学家肯尼思·博尔丁（Kenneth Boulding）在他的《未来宇宙飞船的地球经济学》一文中，首次提出了循环经济的概念——他认为地球由一个封闭的物质系统构成，而在这个系统里面，经济和环境的关系呈现出循环的状态[40]。

到 1990 年，英国环境经济学家戴维·皮尔斯（David Pearce）和克里·特纳（Kerry Turner）根据波尔丁的思想，建立了第一个正式以循环经济命名的经济理论模型，这个模型的主要标志就是将自然生态系统与经济系统紧密联系起来，并且共同组成生态经济系统。

循环经济应用在实践当中并且取得效果，主要发生在 20 世纪 90 年代的德国和日本。一直到 20 世纪 90 年代末，中国才开始使用循环经济的概念和理论。近几年，我们在中国看到了不少运用循环经济的创新商业模式，特别是不少公司运用互联网模式挖掘了许多利基市场，抓住了细分人群的需求。

在此，我们需要明确什么是商业模式？它是一种描述商业运作的概念性工具，概述了一个企业如何创造、交付和获取价值的原理，通常我们需要明确三个关键要素：价值主张，即我们提供的产品和服务以及我们的目标客户；价值创造和交付，即我们的产品或服务的具体特征和分销渠道；价值获取，即我们的成本结构和收入来源。

从商业模式创新的角度看，多抓鱼其实改变了需求曲线和供给曲线，打破了原来的市场均衡，并且创造出新的潜在均衡。传统的实体二手书店经营模式，具有高度分散化、非标准化的特点，店主是主要的出资人、维护者，其经营效率也十分有限。而多抓鱼的 C2B2C 模式，采用平台自建仓库的方式，以仓储中心取代传统二手书店的店面；以规模化、中心化的方式组织书籍的入库审核、消毒翻新、打包邮寄等一系列活动；由平台统一出资购买用户提供的书籍；并且在数据要素的中心化组织上也与以往的网上旧书交易平台不同——这样一来，通过平台买断的方式，获得了对二手书信息的控制权，从而能够基于这些数据为用户提供更好的服务。在创造更多价值和降低生产成本方面，多抓鱼无疑做到了商业模式上的创新。

实际上，循环经济并不是互联网公司的专利，即便是传统的制造企业，依然能够在这个领域做到绿色与收益的平衡。无论是初创企业还是现有企业，如果想要参与循环经济的浪潮，不如尝试商业模式的创新，引入循环的目标。

首先，租赁而非出售。在这个模式中，公司可以选择将其产品租赁给客户，而不是出售。这样一来，客户在使用完商品之后，可以送回公司进行回收，公司经过一系列专业化的处理，可以将产品进行循环再出租。当然，与传统业务模式相比，这种模式对企业的能力要求更为全面——毕竟，不是所有的公司都拥有回收、保养、再利用的能力。企业也必须考虑到自己的成本结构和定价策略。在一些领域，例如办公用品、家具家电甚至珠宝服饰等领域，这种租赁服务的需求是巨大的。

飞利浦公司就将照明作为一种服务，产品和设备的所有权在公司，这样客户就不必支付前期的安装费用，除此以外，公司还在适当的时候回收产品或对产品进行升级，来确保对产品的良好管理。

其次，在产品的不同生命阶段寻找价值创新。在材料阶段，可以在原材料来源上采用可回收的材料；在产品设计阶段，采用不同的材料和设计来尽可能延长产品的使用寿命；在生产、分销、运输、储存、零售等阶段，注重温室气体排放和水污染等可能对环境造成的伤害；在使用阶段，关注其重复使用方面的维护、修理、转售和再利用；最后，在产品生命周期终结时，需要考虑到产品被拆成部件后是否可再制造或进行环保处理。

一家名为 Shoey Shoes 的公司在设计初期就考虑逆向物流，以模块化的设计方式来实现更方便的拆解和替换。通常儿童的脚每 3 个月就会长半个码，所以鞋子通常在穿坏之前就会被淘汰，而一双普通鞋子的制作涉及多达 60 种不同材料，需要 160 多道制造工序。这家公司的设计师把童鞋设计成"可拆卸"模式，让有价值的部分可以被有效地利用和回收，在材料选择和童鞋的使用寿命之间做到匹配。

最后，以倡导和激励的方式联动顾客和利益相关方。无论是多抓鱼、闲鱼这样的二手电商企业，还是共享单车、打车软件这样的共享经济平台，其本质在于打通用户（个人用户与个人用户、或个人与企业用户）之间的关系：前者帮助用户减少购买新品，减少碳足迹；后者将"拥有权"变成"使用权"，从而减少浪费、促进循环。

美国户外品牌 Patagonia 就十分重视循环经济商业模式在顾客关系中的普及，除了制造耐用耐穿的装备、回收旧品外，它还推出了二手产品平台和帮助修复配件的项目，都是为了最大化利用已有产品，呼吁顾客减少对新品的购买。

许多人认为，要实现循环经济的商业模式最关键的是克服技术方面的障碍，实际上，人们忽视了社会、文化和市场相关的因素，无论是政策措施还是教育，在循环经济中都显得十分关键。我们期待有越来越多的企业关注这一领域，也有更多企业带来让人眼前一亮的、可持续的、创新的商业模式。

碳中和，机遇与挑战并存的新时代

2020 年，中国在第 75 届联合国大会上正式提出"双碳"目标：力争于 2030 年前碳达峰，2060 年前实现碳中和。碳达峰是指我国承诺在 2030 年前，二氧化碳的排放不再增长，达到峰值之后逐步降低。碳中和是指企业、团体或个人测算在一定时间内直接或间接产生的温室气体排放总量，然后通过植树造林、节能减排等形式，抵消自身产生的二氧化碳排放量，实现二氧化碳"零排放"。

自 2000 年以来，伴随着中国经济的快速发展，能耗需求也迅速增加。企业对于能源消耗和碳排放的"天花板"意识比较薄弱。在中国成为世界第二大经济体的同时，粗放的能源生产和能源消费模式，也让我国成为世界上最大的能源消费国，随之而来的是碳排放量的增多。然而碳排放不仅对气候变化带来了影响，更加立竿见影的影响在于国际贸易中与碳排放紧密相连的贸易壁垒。以低碳减排为名设置"碳关税"，行贸易保护主义之实，是很多中国对外出口企业面临的新挑战。所以，碳中和目标的设定既是对国内相关高耗能、高碳排行业的约束，也是敦促相关行业系统升级的重要动因。

不难看出，节能减排不仅是环境问题，更是贸易问题，是发展问题。过去我国经济对于煤炭等化石能源的依赖度很高，能源结构相对单一，同时带来了沉重的碳排放负担。在当前复杂的国际政治格局下，能源结构亟待在多样化方面取得长足进展。近些年来，我国在太阳能、风能等清洁能源方面发展迅速，在能源的供给端提供了更多低碳减排的选项。而在需求端，新能源电动车替代传统燃油车已成为行业发展的广泛共识，绿色建筑也赢得了越来越多业主方的青睐，消费者比过去更容易在衣食住行中融入越来越多的绿色低碳元素。然而，想要实现"双碳"目标并非易事，企业在进行绿色低碳转型的新阶段，面对错综复杂、瞬息万变的宏观环境，如何应对来自各利益相关方的压力和诉求，如何平衡自身利益和社会责任之间的关系，是每个企业都需要认真思考、郑重回答的问题。本节旨在通过分析在"双碳"目标下企业所面临的机遇与挑战，帮助企业合理规避风险，把握竞争优势，提前布局低碳、绿色的转型战略。本节也分享了标杆企业在"碳中和"实践中的先进成果和优秀经验，为企业积极响应号召参与低碳转型行动提供了有针对性的、有价值的参考。

　　"双碳"目标的提出，给很多行业带来了更多的可能性。在很多中国企业家眼中，"碳中和"所带来的机会远远大于挑战，带来了许多绿色低碳转型发展的新机遇，也许这正是中国企业家独到的远见。

在国家政策方面，为实现"碳中和"和"碳达标"的长期目标，力促各行各业进行低碳、绿色的可持续化转型，政府机关出台了相关政策法规，大力推动产业升级迭代、低碳减排，涉及绿色低碳能源升级、绿色低碳建筑转型、绿色低碳交通运输等方方面面。在绿色消费转型的时代背景下，在政府资源的倾斜和政策的利好下，企业如何积极响应号召，把握住时代的机遇？每个企业都应充分审视自身发展水平和资源能力，挖掘自身潜能，调整企业战略以适应新的宏观环境和时代背景。

在生产方式方面，新能源技术开始广泛使用，新材料创新逐渐主导市场，在低碳工艺和创新技术的科技支持下，企业的生产开始朝着低碳、高效、绿色、环保的方向前进。与此同时，低碳节能的生产方式和绿色环保的产品也让企业拥有了更多与国际市场对话的机会，让更多符合能效标准的产品在国际市场上流通。

在经营管理方面，不论是零碳园区的建设，还是数字化转型，都与双碳议题有着紧密联系。"双碳"目标的实现，对于从事商业实践的经营管理者而言，无疑是一场系统变革。企业只有在制定战略时牢记低碳减排的目标，加速推动商业模式的创新，才能在这场日新月异的社会性变革中占据有利的地位。

在金融支持方面，国家正全面促进金融行业支持企业进行绿色消费转型升级，绿色消费金融服务方兴未艾，不少金融公司正在为低碳、绿色、可持续转型中的企业提供绿色金融服务，激励企业生产、购买和销售绿色低碳的产品。

不论是在国家政策、生产方式、经营管理还是在金融支持等方面，都正经历着一场以绿色低碳为主轴的变革。是否能够充分拥抱这个趋势，很大程度上会影响企业未来的发展方向和发展速度。所以，企业应该及早布局与绿色低碳方面结合的相关业务，为企业的可持续发展奠定坚实的基础。当然，"双碳"目标指明了未来在绿色低碳领域发展的新方向，开拓了在可持续消费、绿色环保方面的新潜能，给企业带来了实现差异化的新机遇。但是，我国低碳减排在各行业的推进落地依然处于起步阶段。具体的减碳目标、减碳力度和减碳举措，还有待于各行业连同各企业在实践中不断探索和实践。其实，双碳目标的实施路径，在具体的实操落地方面还亟待投入更多开创性的研究和创新实践。特别是企业，要在实际业务开展中，结合自身业务特点和自身商业模式的独特性，开创与业务实际紧密结合的低碳和控碳实践。

在全面实现"碳中和"和"碳达峰"这场长久的战役

中，企业拥有向着绿色繁荣发展的新机遇，也面临着诸多风险和挑战。首先，如何量化碳排放数据是困扰绝大多数企业的难题，尤其是中小型企业，它们通常无法承担购买先进测量设备的费用。而科学准确地测量出企业自身生产所产生的温室气体已属不易，要想测量出产品在整个生命周期里产生的碳排放量更是难上加难，需要企业跟踪测量产品从原材料购买到消费者使用等一系列过程的碳排放量，涉及供应链上生产商、经销商、第三方物流、消费者等不同企业的经营活动。其次，市场上缺乏公认的碳核算标准和方法，企业在进行测算时常遇到效率低下、数据不准确的问题。最后，许多企业热衷于进行碳抵消而非调整自身生产结构或商业模型，从源头减少碳排放，甚至有不少企业存在"漂碳"的嫌疑。在机遇的背后是潜在的风险与挑战，企业要厘清自身资源和能力，扬长避短，推进低碳、绿色、可持续商业模式的转型。

目前中国企业在碳中和领域也不乏先行者和榜样，联合国全球契约组织在深度调研了全球 6 个行业的 48 家企业后，于 2021 年 7 月发布了《企业碳中和路径图》（*Corporate Net Zero Pathway*），其中收录了 13 家中国企业，包括国家开发银行、宝武钢铁集团、蔚来汽车、科士达、百度、联想集团、华为、伊利集团、圣牧有机、比亚迪、兴业银行、京东物流、顺丰物流[41]。

　　制造业作为全球温室气体排放居首位的行业，是污染程度最高的行业，从化石燃料的燃烧，到钢铁等原料的生产，从制冷和电力供应的排放，到汽车家电等终端日用品的制造，可以说制造业的方方面面都肩负着重任。宝武钢铁集团作为制造业中提升能源效率的优秀案例，经验值得分享。

　　2021 年，中国宝武粗钢产量达 1.20 亿吨，占全国粗钢产量的 11.61%，占全球粗钢产量的 6.14%，整个集团营收 9 723 亿元，位列全球 500 强的第 44 位，是全球最大的钢铁企业[42]。宝武集团对我国乃至全球双碳目标的实现都肩负着重大的职责，因此，宝武提出 2023 年实现碳达峰、2050 年实现碳中和的目标，时间上均早于我国向联合国提出的整体"双碳"目标。为此，宝武在原料采购、制造环节和生产绿色产品 3 个环节制定了相关举措以减少碳排放。首先，在原料采购方面，宝武建立了绿色采购管理体系，优先采购通过环境管理体系认证的供应商的原材料，推动供应商建立绿色矿山。其次，在制造环节方面，宝武升级运用了六大技术以实现目标，例如探索高炉"超高富氧"鼓风技术和氢能炼钢技术，并在八一钢铁厂等多个钢厂试点了富氧高炉和熔炉还原炉（COREX），在湛江和韶关钢厂升级了富氧技术[41]。2022 年末，宝武在全球低碳冶金创新论坛上公布了其最新成果，以新疆八钢为例，其宣布富氢碳循环氧气高炉已实现碳减排 20％、固体燃料消耗降低 30％，在全球钢铁行业引起了广泛关注[43]。2020 年的数据显示，钢铁行业碳排放量占全球能源系统排放量的 7％左右，如果宝武的最新成果能够实现大规模落地，必将为我国乃至全球双碳目标的实现打入一剂强心针。最后，在生产绿色产品方面，宝武基于 LCA（life cycle assessment，全生命周期评估）的 BPEI 指数（Baosteel product environmental index，宝钢产品环境绩效指数）对其生产的绿色产品进行持续性的评估，并以此为基础推动新的绿色产品的研发和应用。非常有代表性的设计案例是为汽车行业研发了 BCB（Baosteel car body，宝钢超轻型白车身）的综合技术，实现二氧化碳减排 1 467.6 万吨[44]。当前全球的碳中和转型是非常迅猛的，以 500 强车企为例，很多企业已经明确提出了自己的"双碳"目标，这就要求钢铁企业必须做出碳中和的转型。所以，对于宝武来说，其主动转型的决策是正确的，如果不转型，意味着势必会丧失未来的竞争优势。

联合国《企业碳中和路径图》关注的六大行业中，"民以食为天"的农业食品业，也引起了广泛关注。全球人口如今已经达到了 80 亿，如果按照每人每天吃 200 克大米计算，全球 80 亿人每天要消耗 160 万吨大米，全年为 5.84 亿吨。以此计算，我国 14.12 亿人 1 年的大米消耗量就要达到 1.03 亿吨，根据国家统计局数据，2022 年，我国稻谷总产量约为 2.08 亿吨[45]，而全国加工出米率一般为 60%～65%。这意味着，如果以稻谷总产量为基础进行计算，2022 年我国稻谷最多能加工出 1.35 亿吨大米。看起来可以负担年消耗量，但作为 14 亿人口的大国，粮食安全所要求的充裕库存和充足供给使得这多出来的 0.32 亿吨的大米显得那么杯水车薪。因此，提高农业食品业产能，解决好吃饭问题，始终是我们国家治国理政的头等大事。同时，从全球来看，联合国和美国人口调查局估测 2050 年，世界总人口有可能在 95 亿人上下。随着人口的进一步增长，以及饮食结构的肉类倾向，欧洲环境署的预测是，未来几十年全球食品消费增速会高达 70%。因此，在双碳目标的大背景下，如何既保障农业食品业的产能发展，满足需求，又实现碳减排，是非常具有挑战性的议题。

圣牧有机的减碳尝试开始于 12 年前，圣牧对内蒙古自治区的乌兰布和沙漠进行了大规模的生态建设，通过种植 146.67 平方千米有机草场和 9 700 万株树木将乌兰布和沙漠改造成了沙漠绿洲。据中国林业科学研究院沙漠林业实验中心估算，圣牧改造的 200 万平方千米的沙漠地区，未来 30 年有望捕获 1086 吨二氧化碳[46]，这不仅仅做到了碳减排，还实现了"碳抵消"。圣牧在沙漠的牧场有 34 个，这些牧场是"种、养、加"一体化的沙漠有机循环产业链——有机种植、有机养殖、有机加工。例如，采用工字钢结构和透明屋顶的堆肥厂，通过管道和氧化池形成氧化发酵后，再精准施肥，实现了精准的粪便还田，这样不仅减少了甲烷的排放，还形成了封闭循环的有机生态圈。

乳业上接草原牧场和畜牧业，下连每一个普通消费者的日常饮食，更是牵扯着物流、包装、零售等行业，如果不担负起绿色转型的重任，影响深远。而作为中国乳业的老大哥，伊利集团在"双碳"目标下所面对的任务和挑战也是更加艰巨的。早在 2007 年，伊利集团的董事长潘刚就首次提出"绿色领导力"的概念，并在两年后将其升级为"绿色产业链"的战略，在中国乳制品行业率先掀起了绿色低碳生产的浪潮。2020 年，在国家"双碳"目标提出后，集团再次积极支持国家"碳中和"目标的实现，承诺率先实现企业"碳中和"，承担起中国乳制品行业领袖的责任。为此，伊利集团发布了《伊利集团零碳未来计划》《伊利集团零碳未来计划路线图》，力争在 2050 年之前彻底实现全产业链"碳中和"。随着"零碳牧场"的打造，

"零碳工厂"的建造，"零碳牛奶"的生产和"零碳联盟"的成立，伊利正着眼于全产业链，从全局的角度出发，构筑起中国乳制品行业绿色低碳的可持续生产模式。与此同时，伊利也在通过绿色低碳的产品向消费者传递可持续生活的理念，倡导消费者积极开启绿色低碳的生活方式。

全面实现"碳中和"，是一场旷日持久的挑战，也是一场翻天覆地的社会变革，随着越来越多的行业和企业加入可持续转型的行列，企业急需借鉴先驱企业履行社会责任的实践与探索，结合自身的资源和能力，在低碳化、绿色化、可持续化的时代浪潮中，找到最适合自己的那一叶扁舟。

实现"碳中和""碳达标"是一场没有硝烟的战争，也是所有企业正在面临的考试。在这场史无前例的考试中，考生只有合理规划、长期耕耘，才能力拔头筹，在绿色低碳的转型中建立起自身独有的竞争优势。那么企业应该如何做呢？第一，企业应结合自身业务特点、国家政策法规、行业发展现状设定企业长期的低碳减排目标，并将该目标合理细化和分解到各业务部门，制定切实可行的"碳中和"路径；第二，企业应将碳排放融入企业的战略，从价值链出发，在产品设计、生产制造、物流运输等流程上找到绿色低碳转型的突破口，制定出行之有效的可持续发展战略；第三，企业应思考如何利用科技赋能，结合商业模式创新，设计出低碳减排的具体解决方案；第四，企业应积极寻求外部合作，打破供应链上的壁垒，带动上下游供应链进行低碳转型，助力供应链全体成员实现脱碳目标；第五，企业可挖掘出减碳过程中推动企业高速发展的有效途径，实现差异化的竞争优势。

下面的案例详细介绍了"碳阻迹"的前世今生，一家专注于碳排放管理软件和咨询解决方案的提供商，旨在帮助企业在进入新行业或开辟新业务时评估外部环境的机会与自身能力，帮助企业在瞬息万变的市场环境中把握住新的机会。

案例：碳阻迹——所有的行业都值得再做一遍

"碳中和"毫无疑问是近年来中国最热的主题之一。2020 年 9 月第七十五届联合国大会上，中国承诺力争在 2030 年前实现碳达峰，努力争取在 2060 年前实现碳中和。2021 年两会上，"碳达峰"和"碳中和"首次被写入政府工作报告，并列为 2021 年的重点工作之一。

根据研究机构分析，到 2030 年，全世界碳减排量可能达到 15 亿～20 亿吨二氧化碳当量，到 2050 年，全球为了实现减排目标，每年需要达到的碳减排量可能达到 70 亿～130 亿吨二氧化碳当量。据此估计，2030 年全球自愿减排市场的规模，保守估值在 50 亿～300 亿美元之间，甚至可能达到 500 亿美元[47]。

清华大学气候变化与可持续发展研究院研究报告估算，中国要实现碳中和的目标，未来 30 年，中国每年平均需要投入约 3.7 万亿元。未来 5 年，数十万家企业将开展碳管理，并减少碳排放。

然而，参与碳交易、减少碳排放的一个非常重要的前提，是企业能够准确量化和管理碳排放。

成立于 2011 年的碳阻迹就是这样一家专注于碳排放管理软件和咨询解决方案的提供商。在过去 10 多年里，它专注于为企业量化、分析、管理、报告、减少碳排放。作为行业内的资深从业者，面对"双碳"目标下的新机遇和新挑战，碳阻迹的创始人晏路辉认为，像 20 年前的互联网让所有的传统行业重新做了一遍一样，"因为碳中和，所有的行业都值得再做一遍"[48]。

创业之初：以软件切入中国碳管理市场

过去几年，碳市场面临的核心挑战之一，在于数据的核查——"没有量化就没有管理"。用人工的方式去核查，不仅从效率的角度受限，数据的准确性、一致性和有效性也难以保证。

2010 年左右的中国碳管理行业，在晏路辉看来还是"一片荒漠"，不仅市场需求小，响应国家号召开始探索碳管理的企业并不多，而且专业人才稀缺。2011 年碳阻迹成立时，在工商局注册的启动资金仅 50 万元，公司员工仅有他 1 个人。

起初，晏路辉以一款碳排放核算及碳排放量分析管理软件切入中国的碳排放市场：2011 年，公司自主研发出中国第一款碳排放管理领域软件系统——企业碳排放计量管理平台 CAMP（carbon accounting and management platform）。这个管理平台遵循国内外标准，用图表方式呈现，企业可以对自己的碳排放量进行量化、分析、管理和报告，以便清楚地了解自身碳排放现状以及实施碳减排的着力点。前期，团队为上百家企业提供该软件的免费使用权，为的是快速铺开市场。其逻辑在于，当企业使用该软件后，会产生升级、维护和定制的需求，就能为公司带来相应的回报。事实也的确如此。虽然创业之初的 2 年异常艰辛，研发团队也经历了动荡，但伴随着企业的发展，公司也依据客户不同需求的复杂程度，开发了不同版本，开始以年限计费[49]。

因为这是一个全新的领域，中国的企业对这个概念的接受程度比较低，碳阻迹当时的软件定位并没有抓住真实的市场需求。随后，公司在业务战略方面做出了相应调整。

第一次业务转型：碳排放管理咨询

在软件业务增长乏力的情况下，碳阻迹开展了碳排放管理咨询服务——这个商机是团队从软件服务的经验中发现的。在提供软件服务的过程中，一些客户表现出对培训和咨询方面的需求，因此，公司决定将软件与咨询结合起来，提供整体解决方案，来增加自己的竞争力。咨询内容包括碳排放核算、碳市场顾问、碳信息披露、碳产品足迹等，即通过数字来发现问题，为制定碳排放策略以及实施低碳项目提供数据依据。自此，公司基本形成了软件和咨询两个核心业务，对应 IT 和咨询两个部门。

"企业对于碳市场的关注很少，能在企业运营时考虑到产生的碳排放，已经是一个巨大的进步，"晏路辉说，"找我们咨询的企业，大多还是希望能减少碳排放带来的经济损失，在对低碳的认同上还有很长的路要走。"而碳阻迹为碳市场控排企业提供的咨询顾问服务，包括碳市场咨询与政策解读、碳管理资产与咨询、履约管理与咨询。

全新的业务模式需要强大的人才团队做支撑，然而，作为创业公司，碳阻迹在创业初期的员工流失率也让晏路辉头痛不已——作为创始人的他把工作重点放在业务拓展上，难免对人才培养和激励有所忽视。在 2014 年公司盈利之后，这种情况渐渐有所改观：在扁平化组织架构和项目制运作的前提下，公司招募高学历海外人才，与其共同制定目标，共同决策，最大程度地发挥员工的潜能。对晏路辉来说，招募员工的重要标准之一，是能否认同低碳行业并希望在该行业长期发展。

中国的碳中和市场

碳中和概念是指国家、企业、产品、活动或个人在一定时间内直接或间接产生的二氧化碳或温室气体排放总量，通过植树造林、节能减排等形式，实现正负抵消，达到相对"零排放"。中国是全球最大的碳排放国。中国的碳排放量从 1950 年的 7 858 万吨到 2020 年已达到 102.51 亿吨。

2020 年 9 月，中国在第七十五届联合国大会一般性辩论会上，首次明确提出碳达峰和碳中和目标。此后，在多次重大会议和对外问答过程中均提到碳达峰和碳中和目标（见表 3.3）。

表 3.3　中国碳达峰与碳中和产业政策规划汇总

时间	会议/政策/文件	要点
2020 年 9 月	第 75 届联合国大会一般性辩论	中国要采取更加有力的政策和措施，二氧化碳排放力争于 2030 年前达到峰值，努力争取 2060 年前实现碳中和
2020 年 12 月	《新时代的中国能源发展白皮书》	新时代的中国能源发展，积极适应国内国际形势的新发展要求，坚定不移走高质量发展新道路，更好地服务经济社会发展，更好地服务美丽中国、健康中国建设，更好地推动建设清洁美丽世界。提

时间	会议/政策/文件	要点
		出新时代的中国能源发展，贯彻"四个革命、一个合作"能源安全新战略
2020 年 12 月	气候雄心峰会	到 2030 年，中国单位国内生产总值二氧化碳排放将比 2005 年下降 65％以上，非化石能源占一次性能源消费比重将达到 25％左右，森林蓄积量将比 2005 年增加 60 亿立方米，风电、太阳能发电总装机容量将达到 12 千瓦以上
2021 年 1 月	《关于统筹和加强应对气候变化和生态环境保护相关工作的指导意见》	鼓励能源、工业、交通、建筑等重点领域制定达峰专项方案。推动钢铁、建材、有色、化工、石化、电力、煤炭等重点行业提出明确的达峰目标并制定达峰行动方案
2021 年 1 月	《绿色建筑标识管理办法》	明确绿色建筑标识由住房和城乡建设部统一式样，并对绿色建筑标识的申报和审查程序、标识管理等做了相应规定。管理办法自 2021 年 6 月 1 日起施行
2021 年 1 月	《碳排放权交易管理办法（试行）》	对全国碳排放权交易及相关活动进行规定，包括碳排放配额分配和清缴，碳排放权登记、交易、结算，温室气体排放报告与核查等
2021 年 3 月	《关于加强县城绿色低碳建设的意见（征求意见稿）》	提出大力发展县城绿色建筑和建筑节能，不断提高新建建筑中绿色建筑比例。推进老旧小区节能改造和功能提升。大力推广应用绿色建材

续　表

时间	会议/政策/文件	要点
2021 年 3 月	《2021 年政府工作报告》	提出"扎实做好碳达峰、碳中和各项工作。制定 2030 年前碳排放达峰行动方案。优化产业结构和能源结构。推动煤炭清洁高效利用，大力发展新能源，在确保安全的前提下积极有序发展核电"等重点工作任务
2021 年 3 月	《中华人民共和国国民经济和社会发展第十四个五年规划和 2035 年远景目标纲要》	坚定不移履行碳达峰碳中和承诺，坚持自主行动，科学调整优化政策举措，推动能耗双控逐步转向碳排放双控，加快实施可再生能源替代行动，更高水平更高质量做好节能工作，持续巩固提升生态系统碳汇能力
2021 年 3 月	国家电网《碳达峰碳中和行动方案》	"十四五"期间，国家电网新增跨区输电通道以输送清洁能源为主，"十四五"规划建成 7 回特高压直流，新增输电能力 5 600 万千瓦。到 2025 年，公司经营区跨省跨区输电能力达到 3.0 亿千瓦，输送清洁能源占比达到 50％

资料来源：根据公开资料整理。

根据研究估计，中国碳中和市场规模将在 2025 年达到 311.59 万亿元人民币。截至 2021 年 11 月，中国共存续 11 517 家碳中和企业，有 76.3％的企业是在 2010 年后成立的。 2015 年开始，碳中和企业的年新增数量开始逐年上升[50]。

从产业链角度，中国的碳中和大致可分为前端、中端和后端三个部分。前端为能源替代，即调整能源结构，用低碳替代高碳、可再生能源替代化石能源等，对应行业包括光伏发电、风力发电、水力发电、核能发电。中端主要是节能减排，包括产业结构转型、提升能源效率、低碳技术研发、低碳发展机制，对应行业包括钢铁、建材、化工、有色、造纸和交运。后端包括碳吸收和碳交易，前者是发展森林碳汇、碳捕获、生物能源与碳捕获及储存，例如林业；后者是把二氧化碳排放权作为一种商品，从而形成了二氧化碳排放交易市场，例如全国碳交易市场。

2011 年以来，北京、天津、上海等地就已经开展了碳排放权交易试点工作；2017 年，中国启动碳排放权交易；2021 年 7 月，全国碳排放交易市场开市[51]；截至 2021 年 12 月 22 日，全国碳市场碳排放配额累计成交量 1.4 亿吨，累计成交额 58.02 亿元[52]。

提升碳意识：不积跬步，无以至千里

事实上，碳阻迹面临的最大挑战，仍然是让企业客户意识到碳管理的重要性。

研究显示，中国许多企业的"碳意识"较弱，未能在管理上予以足够的重视。几年前，在深圳、北京等地开展碳交易试点工作时，就有工作人员遭遇过难以找到企业对接部门、对接人的情况。此外，即便有中小企业对低碳建设有积极性，却无奈于对碳交易不甚了解，属于"有想法而没能力"[53]。

在这点上，碳阻迹充分发挥了其紧跟热点的优势。公司早在 2013 年就创建了中国低碳领域的第一个微信公众号，并逐渐开发了一些功能，例如碳计算器这样与日常生活结合紧密的小工具。之后，一系列为公众普及低碳知识、提升节能减排意识的产品上线。同时，2014 年，碳阻迹就与联合国环境规划署联合编写并发布了《绿色会议指南和行动》，即在会议的各个面向部分都能优先考虑对于环境与生态的冲击。2017 年，"全民碳交易"小程序全面运营。事实上，碳排放不仅是企业客户需要关注的问题，也是公众需要关注的问题。

碳阻迹拥有目前全球最大的碳排放数据因子库，可以将不同门类的排放计算得非常精准。事实上，每个产品、每个行为都存在碳排放，而这些碳排放数据被称为碳排放因子。举例说明，如果你在午餐时吃掉了 200 克牛肉、400 克米饭和 100 克西蓝花，那就产生了 6.68 千克的碳排放，为了实现碳中和，你可以选择种 0.07 棵树。

在业务上，公司专门推出了线上培训碳学堂，邀请行业资深专家来录制课程，为的就是帮助企业普及碳管理知识。碳学堂以碳排放交易市场和公众参与为切入点，涵盖低碳领域的方方面面，包括气候变化科学、气候变化谈判、国际国内低碳政策、碳交易、碳核算、碳披露、碳金融、碳汇、碳资产开发等，致力于让更多人用绿色低碳的方式了解气候变化、碳市场建设等绿色低碳话题。

如何实现一场会议的碳中和？以碳阻迹 10 周年年会为例，首先需要量化碳排放，其中包括识别温室气体的排放源，选择量化方法收集活动数据，再计算会议的碳排放。在此次会议上，主要收集了与会人员所使用的电力排放，工作人员以及嘉宾所有的出行差旅以及会场中使用物品的排放。为了减少碳排放，碳阻迹通过调高空调温度、调暗灯光亮度等节约用电，并鼓励与会嘉宾和工作人员低碳出行；此外，在会场用品上，做到无纸化、用玻璃水杯代替瓶装水等。最终，这次会议实现了 13 吨二氧化碳的减排。而整个过程的最后一个闭环，就是将会议实现碳中和，主要通过购买碳配额以及 CCER 交易实现。

什么是配额交易？

配额交易是政府为完成控排目标采用的一种政策手段，即在一定的空间和时间内，将该控排目标转化为碳排放配额并分配给下级政府和企业，若企业实际碳排放量小于政府分配的配额，则企业可以通过交易多余碳配额，来实现碳配额在不同企业的合理分配，最终以相对较低的成本实现控排目标。

什么是 CCER 交易?

CCER 交易指控排企业向实施"碳抵消"活动的企业购买可用于抵消自身碳排放的核证量。

碳阻迹已服务了超过 1 000 家企业客户，包括 50 家世界 500 强企业和顶级机构，如阿里巴巴、百度、京东、万科、星巴克、微软、高瓴、绿动资本、联合国环境署、国家发改委、生态环境部、美国能源基金会、世界自然基金会、自然资源保护协会等。

从企业的角度，开展碳管理工作有着多维度的意义，不仅包括在出口时能满足国外客户碳排放的披露要求，还能够使企业有效了解各个生产环节的碳排放，有效制定节能政策，并且提升企业影响，赢得市场信任。

以阿里巴巴为例，2016 年，碳阻迹在响应菜鸟网络绿色物流节能减排的"绿色计划"中，从绿色交通、绿色包装、绿色回收以及推广使用电子面单 4 个方面，帮助菜鸟网络挖掘减排潜力，帮助菜鸟网络在之后的 5 年中完成了 362 万吨的碳减排计划。除此之外，碳阻迹还用自身算法帮助用户计算碳能量值——蚂蚁森林 5.5 亿名用户参与的低碳行动中，就有着碳阻迹的助力[54]。

警惕"盲目式"减碳

在 2022 年的一次采访中，晏路辉说道："去年大家会一窝蜂地运动式减碳，也不清楚到底怎么去执行，看别人做了就跟着去做，也不考虑经济可行性和操作可行性就盲目去做，一些企业碳中和的方式是自己完全不减排而采取直接去买碳减排量/碳汇的方式，洗绿也比较明显。"[55] 在他看来，国内企业对如何做碳中和存在一定的误区和盲区，这其中既包括不知道行动上"怎么做"，也包括目标上"太激进"。除了更多的市场教育，监管和监督的完善也有益于上述两个问题的解决。

实际上，晏路辉认为，环保或者碳排放还不能成为商业决策的主要依据。大型企业会通过这件事提升自己的竞争力，但大多数中小企业最关注的仍是"性价比"。即便如此，在碳中和这件事上，中国企业也有自己独特的创新能力。"中国企业不一定提出'绝对减排'，因为国内大部分企业还处于快速增长期，但中国企业会提出带动多少用户来减排，毕竟中国的用户量比国外多很多，蚂蚁森林就是个很好的例子。此外，国内企业会在上下游做更多动作，中国是制造业大国，比如零碳园区的创新。像碳中和目标就有很多中国式创新，比如阿里巴巴就提出'范围3＋'①的创新，这是国外没有的。"

从不可复制到可复制的商业模式

从商业模式的角度，无论是咨询服务还是培训服务，"天花板"都非常明显：需要大量的人力和精力，从规模化、可复制化的角度看缺乏想象空间。

2021 年，碳阻迹经过 10 年的发展，推出了一站式碳管理 SaaS 平台"碳云"。在晏路辉看来，SaaS 这样一种标准化的产品可以服务很多家企业，达到提升效率、解放能力的效果。"我们最核心的咨询师，将来可能就不用去做单个项目，他们的工作要变成给这个产品不断输入新的营养、新的功能，让这个产品能够直接去覆盖 n 多客户。"[48]

"碳云"主要包括五大功能板块：企业碳管理（国际标准版）、企业碳管理（国内标准版）、产品碳足迹、绿色会议和碳账户（个人版）。

2021 年，碳阻迹业务量已经实现了上一年度的 3 倍增长，2022 年上半年增长也达到了上一年同期的近 3 倍——其业务的韧性得到了印证。未来，碳阻迹还将继续聚焦科

---

① 范围 1、2、3 是国际通行的圈定碳减排范围的标准。其中，范围 1 是指企业的直接排放，范围 2 是指企业购买能源产生的间接排放，范围 3 是指其他间接影响。在此基础上，阿里巴巴开创性地提出"范围 3＋"概念，指的是在企业的范围 1、2、3 以外，企业的生态系统中参与者或相关方产生的温室气体排放。

技、消费、金融和能源这 4 个高速增长的行业。

案例点评：碳中和时代的天时、地利与人和

要进入一个新的领域或者开展一项新的业务，基本的商业分析必不可少。这其中，既要评估行业是否具有吸引力，也要看自身能力是否匹配外部的机会，还要看企业家在主观意愿上是否有足够的"起心动念"。我们用一个简单的"想做""可做""能做"模型去分析碳阻迹所面临的业务机会。

第一个维度叫做"想做"，这是指企业家的"起心动念"，是一个企业的使命和愿景，是它之所以存在的意义和想要创造的价值。面对一项新的业务机会，企业家或者创业者到底想做什么？这里面包含着他们的动机和激情。第二个维度叫做"可做"，也就是外部环境里面有什么样的机会。审时度势，及时地从社会、经济、文化、政策当中发现商机，从行业的变化规律中找到商机。有时候，即便是机会，也有轻重缓急之分，一个优秀的企业家和创业者往往善于识别并挖掘可做的机会。第三个维度叫做"能做"，这是指企业自身的资源禀赋和能力。"没有金刚钻，别揽瓷器活"——有时候企业家的梦想很大，但现实很残酷，如果没有与之相匹配的能力，成功往往遥遥无期。当大家都发现同一个机会时，那些拥有核心竞争优势和竞争壁垒的企业往往更容易脱颖而出。更重要的是，罗马并非一天建成，核心竞争力的打造需要的是持之以恒的能力。

如果企业家或创业者能够在"想做""可做""能做"之间找到一个小小的交集，那么这就是他应该去做的方向。让我们通过这个框架来判断一下碳阻迹创始人晏路辉对业务机会的选择。

"想做"：碳管理燃起了自己的热情

晏路辉于 2009 年在牛津大学获得硕士学位，后在英国 BestFoot Forward 公司担任高级软件工程师兼产品经理，并且还负责开拓中国市场。这段经历让他第一次接触到碳排放管理系统，并且熟悉了碳足迹、碳管理等概念。也正是这段经历，让他意识到，这项业务不仅前景广阔，而且是自己有极大的热情想一直投入去做的事业。有了这个想法的晏路辉，基于在 BestFoot Forward 公司的经历，主动了解中国市场，并多次往返中国，试图为公司拓展一些中国的客户。在中国市场的考察让他越发对这个领域的前景充满信心，并下定决心回国创业。

虽然在创办碳阻迹的过程中，晏路辉遇到了不少挑战，包括启动资金太少，前期没有收入，团队不稳定，商业模式需要反复打磨，等等，但他对这个领域抱有的热情、信心和信念让他一直坚持了下来，并且取得了阶段性的成果。

"可做"：碳管理市场前景广阔

从宏观环境的角度看，中国是目前世界上最大的二氧化碳排放国。2018 年，中国的二氧化碳排放量为 95 亿吨，占全球总排放量的 29%。随着中国工业化进程的推进，二氧化碳排放量急剧上升，从 2000 年的 31 亿吨增长至 2012 年的 88 亿吨。2012 年以来，中国的二氧化碳排放量增速放缓，这背后有各种原因，包括整体经济重心的转移，以及可再生能源的推广，等等。通过以上数据，可以预见到的是，碳交易市场的潜力是巨大的——中国碳交易市场未来会达到 30 亿至 40 亿吨，交易规模在 5 000 亿到 1 万亿元左右。

如果我们进一步从行业的角度进行分析，碳核算领域里的主要参与方包括数据收集厂商、碳核查机构、碳捕捉设备生产商、第三方检测机构等。伴随着碳交易的兴起，各种服务的参与者层出不穷。在海外较为成熟的市场，像彭博数据库、标准普尔数据库等会收录企业的年报数据或者碳排放的估算数据，人们可以较为容易地在数据库中进行查询。相较而言，中国的碳排放数据市场还是一片蓝海，只有中国碳排放数据库（CEADs）和生态环境部等对企业的碳排放年报进行披露，以及一些正在布局双碳主题的综合数据信息服务商。

再来看碳阻迹所在的碳中和数据收集、咨询服务行业，其在中国市场的发展还处于起步阶段，其中的主要"玩家"包括有技术背景和资本支持的初创企业，寻求转型和新增长点的能源类公司，以及科研高校研究机构。虽然有一些竞争，但都构不成巨大威胁。

"能做"：让想法落地实现的能力

面对这片亟待开发的蓝海市场，企业需要思考的是如何抓住这个机会窗口，扩大自己的影响力，树立自己在这个市场里的权威性。这个时候，就需要碳阻迹发挥自己的资源禀赋和主要优势。对于碳阻迹来说，主要有以下几个明显的优势能力：

首先，软件＋咨询＋SaaS 业务结合的解决方案。通过对市场需求的研究，碳阻迹对行业难点、客户痛点有了深入的了解，多业务的组合方式让公司可以为不同客户提供多元化、模块化的服务，增加产品的议价空间，并且起到了教育市场、扩大自身品牌影响力的作用。

其次，碳排放数据积累。碳阻迹拥有目前全球最大的碳排放数据因子库，可以将不同门类的排放计算得非常精准，用数据指导管理，可以让碳数据核查的过程更严谨、更科学。在借鉴了欧洲的服务模式后，碳阻迹对碳排放数据管理做了许多本土化的尝试，让它在中国市场上具备一定的先发优势。

最后，结合中国市场特点，善于运用移动互联网工具。中国移动互联网的普及让它不仅可以成为公司宣传的渠道，还可以提供各种多元化的工具，例如通过微信公众号、小程序，能够与普通公众有更多的互动，起到教育公众、普及碳排放概念的重要作用。

碳中和目标的提出，意味着经济发展模式将面临深刻的改变。大家已经纷纷看到其中巨大的市场机会，未来在该领域参与的相关方会越来越多。无论在供给侧还是需求侧，以及需求、供给配套方面，会有一系列新的业态、新的方式、新的行业出现，未来，会有越来越多像碳阻迹这样具有创新性的企业在市场中发挥重要的作用。

可持续消费，从愿景到现实的实践

作为拉动经济的三驾马车之一，消费的拉动力不容小觑。自 2014 年起，消费已经成为拉动中国经济增长的第一动力。麦肯锡在其报告《亚洲的未来：未来十年塑造中国消费增长的五大趋势》中指出：2019 年，中国已经成为全球第二大消费市场，到 2030 年或将成为世界最大消费国。高速增长的消费也意味着与日俱增的资源需求，相继而来的环境问题、社会问题和管理问题层出不穷。如何保持经济与环境的动态平衡，是整个社会亟待解决的难题。只有驾驭好消费这辆马车，才能保证中国经济健康稳定地发展。自 1992 年 6 月在里约热内卢联合国环境和发展会议上正式提出，可持续消费已经成为中国经济发展道路上无法回避的重要议题。2022 年 1 月，国家发展改革委等部门印发《促进绿色消费实施方案》，旨在全面促进消费绿色低碳转型升级，推动"碳达峰"和"碳中和"目标的实现。可持续消费的理念方兴未艾，本章重点概括了这一新的消费趋势，总结了企业在当下面临的机遇与挑战，和领先企业在这条道路上的新思路和新实践，期望带给读者新的启发与思考。

可持续消费的偏好，在年轻消费者的消费决策中扮演着越来越重要的角色。根据《DT 财经：2021 中国青年绿色行为报告》[56]，绝大多数受访者在日常消费中有主动关注产品或品牌绿色属性的行为，其中不乏坚定的绿色消费者，日常消费基本都会主动看产品是否环保。其实，越来越多的消费者会更加青睐有绿色低碳理念的产品和商家，甚至愿意为绿色消费支付更高的商品或服务溢价。可持续消费在消费者眼中通常有多种表现形式，如低碳消费、绿色消费、循环消费、共享经济等，可持续消费的行为也深入衣、食、住、行、用等生活场景的方方面面。

　　在消费主义盛行的当下，新旧时尚的交替愈加频繁，许多衣服仅被穿过几次就因过时而被消费者抛弃，堆积成山的旧衣物在衣柜里吃灰，这既是对资源的浪费，也是对环境的破坏。二手衣物交易平台应运而生，消费者既可以将自己闲置的衣服在平台上变现，又可以在平台上淘到自己喜爱的衣物。随着越来越多的消费者接受这一商业模式，闲置衣物的使用率和使用寿命也随之大大提高。勤俭节约一直以来是中华民族的传统美德，节约粮食更是当代消费者从小到大践行的准则，如今新一代消费者已经不再满足于"光盘行动"，他们不仅注重食物的健康属性，更加注重食物的可持续性，消费者开始接受"植物肉"这一新型食物，通过健康低碳的膳食结构，践行可持续消费的生活理念。随着健康环保生活方式的普及，"绿色家装"的概念也开始风靡家居市场，绿色家居产品凭借低碳、绿色、环保等优势受到消费者的青睐，成为市场的新宠，消费者在注重生活品质的同时，也开始关注建筑材料对环境的影响。而随着新能源价格的持续走低，充电桩等配套设施的完善，新能源汽车开始成为当代消费者的首选，绿色交通、清洁交通已经从遥不可及的理想慢慢走向现实。企业通过回收利用产品包装，以及追踪产品或服务生产过程中对环境和社会造成的影响，来尽可能实现生产和服务过程的全面绿色低碳。这样的做法显然受到了很多忠实于可持续消费的消费者们的好评，使他们更愿意购买环境友好类产品和服务。

除此以外，借助于类似蚂蚁森林的小程序，消费者通过消费积累碳积分换取林木的种植之类的交互式可持续消费行为也被越来越多的消费者所接受和喜爱。这样的交互行为，使商家和消费者的关系超越了消费本身，加深了企业和消费者在绿色低碳理念方面的共同认知，从而有助于建立消费者对于企业或者品牌的忠诚度。不仅如此，更多的年轻消费者对于绿色低碳的偏好，基于他们对于以消费主义为代表的商品经济社会的反思。他们更多地崇尚极简主义，对于可循环利用的包装或者日常用品更有消费偏好，用帆布袋代替塑料袋，用水杯代替一次性瓶装水，无纸化，等等，这些处处都体现着可持续消费的踪迹。

然而，可持续消费的市场并未成功转变成为大众消费，生活中可持续消费的场景依然屈指可数，从可持续消费的理念到可持续消费的行为仍有很长一段路要走。而制约消费者进行可持续消费的因素有很多，比如产品或服务的质量、产品的配套设施、产品的价格、产品的性能等。

不难看出，可持续消费对于消费者而言只能是"锦上添花"而非"雪中送炭"，如果需要靠牺牲消费者的利益来换取绿色属性或可持续消费属性，比如让消费者支付高额的"绿色"溢价或是提供的产品或服务不尽如人意，这样的商业模式终究是无法持久和不可复制的，甚至会消磨消费者的热情和耐心。反之，如果可持续消费行为是低成本和易执行的，如果企业能为消费者提供更多触手可及的生活场景，如果企业能给产品增加"绿色"的附加属性而不用牺牲产品的质量或性能，那么消费者会更乐意于参与可持续消费。换言之，企业只有在随处可见的生活场景中给消费者提供便捷且经济的绿色消费选择，让消费者意识到自己的举手之劳也能对环境和社会产生不言而喻的积极影响，才能将消费者与可持续的消费方式联结，增加消费者进行低碳消费的频率，让消费者养成可持续的绿色低碳生活理念。

新的消费趋势往往蕴含着新的消费理念，新的商业模式也亟待市场的验证。企业逐步转向可持续的商业模式和生活方式是大势所趋，能否把握住可持续消费的新趋势和新机遇，是企业在未来实现可持续发展转型的关键，甚至决定了企业的生死存亡。如何在可持续消费的新浪潮中抓住机遇，创造竞争优势？企业可从自身价值链活动的多个角度进行破题。

首先，向可持续消费的转变始于产品设计，产品的设计决定了企业未来人力、物力、财力等资源的流动，也决定了企业如何进行绿色低碳的转型，比如产品的设计决定了是否使用可再生的材料，是否使用清洁能源进行生产，是否使用人工智能设备和机器替代工人，等等。聚焦可持续消费的理念，产品可能需要全新的、颠覆式的设计，企业也可能考虑提供相应的服务而不是产品本身。简而言之，这一切都始于产品设计，企业可通过将可持续性消费的理念嵌入设计阶段，进而达到提升产品绿色属性和影响消费者行为的目的。

其次，从生产的角度出发，绿色制造正在成为全球新一轮工业革命和科技创新的重要领域，无数企业正在进行清洁能源、生态工厂、废物回收、能源节约等领域的尝试和创新，在此背景下，绿色制造无疑将成为企业尤其是传统制造行业打破创新壁垒的新途径。

再次，虽然有越来越多的消费者开始认同和支持可持续消费的生活方式，但要让消费者真正从有意识到有行为的转变还需要企业的努力，从产品的营销和销售出发引导消费者产生可持续消费行为。比如，企业可从绿色产品的营销手段着手激发消费者的购买兴趣，在满足消费者基本需求的同时，帮助消费者认识到自身的可持续消费行为会对环境产生怎样的影响，进而使消费者改变自己的生活习惯，坚持购买绿色产品。简言之，企业要深入分析目标客户的潜在需求，采用更高效的营销手段，引导消费者进行可持续消费，从而开发这个庞大的潜在消费群体。

最后，企业应从物流和仓储的视角着手，加速推进产品包装升级、仓储数字化、自动分拣系统等新物流模式的架构，借力大数据、云计算、物联网等新技术在物流行业的广泛应用，建立起高效、低碳、绿色的物流仓储体系，利用科技赋能推动企业进行绿色物流转型。

当然，企业在可持续消费的大潮中还面临诸多挑战，有许多因素制约着消费者进行可持续消费行为。比如，消费者的购买行为常常受到经济条件的制约，而可持续消费产品通常较普通商品而言有很高的"绿色"溢价，即使有部分消费者愿意为该产品的可持续属性买单，这样的商业模式也是不可持续的。高额的溢价对于大部分，尤其是对价格比较敏感的消费者而言是比较重的经济负担，无法让消费者养成购买绿色低碳产品的习惯。再者，目前市场上许多产品打着"绿色""低碳"和"可持续"的口号进行夸大宣传，也无相关政策法规限制或杜绝此类行为的发生，消费者在铺天盖地的虚假营销中感到疲惫和困惑，导致可持续消费产品的推广愈加困难。

总的来说，可持续消费就是一种适度克制的消费，旨在避免或者减少对环境的破坏，是以崇尚自然和保护生态等为特征的新型消费行为和过程。目前，中国的可持续消费刚刚起步，未来有很大的发展空间，其成长性和发展潜力都蕴含着巨大可能性。企业应该看到这样的消费新趋势和新力量，并积极回应消费者可持续消费的新诉求，争取克服在向可持续消费商业模式的转变中遇到的障碍。可持续消费是一种更加趋于理性的消费，企业应该看到，可持续消费不是单次或者独立的消费行为，而是一套全新的消费逻辑。所以，企业应该更加重视可持续消费的生态建设和贯穿上下游消费整体的可持续性打造。企业应该认识到建立起可持续的消费模式不仅仅是践行企业的社会责任，更是在创造自身独有的可持续竞争优势，以便在未来更绿色、更低碳的消费市场上立于不败之地。

在可持续消费的广大市场中，不少行业正在积极进行低碳、绿色、可持续化的转型。其中，快时尚品牌最先在世界上掀起了一场可持续的革命。科技普惠为消费品领域注入了新活力，诸多快时尚品牌如优衣库、H&M、Zara等都鼓励消费者回收旧衣，并把回收的旧衣用于循环生产或者补贴贫困地区。以 Zara 为例，2022 年 Zara 的母公司

Inditex 集团收购芬兰 Infinited 纤维公司生产的 30％ 再生面料，为期 3 年，并将在 2024 年开设第一家大规模工厂[57]，届时消费者将有机会购买完全由服装废料制成的 Infinna 优质再生面料。

不仅如此，通过科技的力量还能进一步提升消费体验，改善消费者能够感知的产品价值。以优衣库为例，优衣库的防晒系列能够把防晒系数提升到 UPF50＋，除此之外，其顶级面料 AIRism 更是被称为"夏日必备"，因为它除了能够阻隔紫外线以外，还大大提升了消费者皮肤清凉爽滑的感觉，被消费者们称为"体感小空调"。通过科技提升衣服的功能性，本身就是对环境和社会友好的举措。此外，优衣库一直关注塑料引发的环境保护问题，于 2020 年就与世界知名的面料生产商东丽集团共同开发，推出使用源自回收塑料瓶的再生聚酯纤维制成的衣物。2022 年秋冬，优衣库首次推出 100％ 再生面料摇粒绒，覆盖 16 款摇粒绒产品。优衣库的母公司迅销集团计划，到 2030 年，将集团服装面料的约 50％ 替换为环保再生面料，促进整体供应链的资源循环利用，减少服装生产对环境的负担[58]。

快时尚领域已形成广泛共识，"时尚向善""绿色低碳"成为时尚领域迅速崛起的新趋势、新动能。不仅如此，在更广阔的消费领域，例如食品领域、家居领域、建筑领域，以及交通领域，可持续消费也已成为不可忽视的趋势。越来越多的企业不仅着眼于终端产品，而且把更具挑战性的供应链全面降碳控碳纳入系统管理。此外，与消费者开展更加积极的互动和对话，与消费者一起共建绿色低碳的消费生态，也成为众多行业和企业的共识。下面的案例详细介绍了蚂蚁森林这一致力于低碳环保的小程序，如何通过简单的游戏将消费者与低碳环保的生活场景联结，鼓励消费者自发选择可持续的消费行为，让消费者清晰地认识到自己的行动也能聚沙成塔，给地球带来一片绿色的海洋。同时，在案例点评中，也具体阐述了企业如何通过游戏化影响消费者的绿色消费决策。

案例：蚂蚁森林——让人"成瘾"的"微环保"

对不少人而言，现在起床后的第一件事，就是打开手机上的"蚂蚁森林"收取自己和其他人的绿色能量；为了积累能量，还会主动选择步行或共享单车出行，在支付宝上操作无纸化生活缴费，等等。种种努力都是为了在手机上种上一棵"小树"，这代表着在中国西北部地区会有一棵真正的小树苗被种下。因为蚂蚁森林，"绿色"这件事好像变得很真实、具体而又生动，渗入了人们生活的方方面面。

截至 2021 年，蚂蚁森林已经带动了超过 6.13 亿人参与低碳生活，产生了超过 2 000 万吨"绿色能源"。为了激励社会公众的低碳生活，蚂蚁森林在过去 5 年参与了中国 11 个省份的生态修复工作，累计种下了 3.26 亿棵树，其中，在甘肃和内蒙古均超过 1 亿棵。同时，蚂蚁森林还在 10 个省设立了 18 个公益保护区，保护野生动植物 1 500 多种。通过各地的生态环保工程，累计创造了种植、养护、巡视等绿色就业机会 238 万个，为当地新增劳动收入 3.5 亿元[59]。

有人说，因为蚂蚁森林，"绿色"成为一种潮流，一种触手可及的活动——衣食住行之间，每个人都可以与绿色生活方式发生互动。

蚂蚁森林背后的支付宝

2003 年 10 月，淘宝网首次推出支付宝服务，主要针对淘宝购物的信用问题，提供"担保交易"模式来降低网上购物的交易风险。那时的支付宝担负的是淘宝网资金流工具的角色，其用户也主要由淘宝网的发展得来。

支付宝发展近 1 年后，管理层认识到了支付宝的巨大潜力，决定使它成为一个独立产品，为电子商务提供基础服务。于是支付宝从淘宝分拆，独立运营，向独立支付平台的定位发展。其商业模式实际上是一种虚拟的电子货币交易平台，通过对应银行实现账户资金的转移，由商业银行为支付宝提供基础服务，后者更像是搭载在前者上的支付应用。支付宝向用户提供付款、提现、收款、转账、担保交易、生活缴费、理财产品等基本服务，背后主体为"蚂蚁金融服务集团"（简称蚂蚁金服）。其主要竞争对手是 2013 年诞生的微信支付，后者依托微信平台，用户活跃数量和支付规模也相当可观。

为了与微信支付竞争，支付宝曾在社交领域做过数次尝试，但都铩羽而归。2016 年底，经过反思与讨论，大家认为，支付宝最大的优势在于对商业与金融的经营和理解，而不是追求社交与高频，战略方向上应回归金融与商业[60]。截至 2021 年 12 月，支付宝月活用户规模达到 7.96 亿人，日活用户规模达到 3.57 亿人，月人均使用时长为 113.14 分钟，各项指标均位居支付行业类第一，月人均单次使用时长 1.45 分钟[61]。

蚂蚁森林的由来

蚂蚁金服很早就关注到全球可持续增长和包容性增长两大议题。2015 年的全民"绿账单"显示，用户通过支付宝消灭的纸质单据相当于当年减少二氧化碳排放量 21.9 万吨。

2016 年蚂蚁金服对外宣布，绿色和可持续发展是公司新的重要战略。那时蚂蚁金服的绿色战略包括两个层次：

一是用绿色方式发展新金融，调动普通民众参与低碳生活方式；二是用绿色金融工具推动绿色经济发展，推动绿色意识普及[62]。

不过，那时"绿色金融"这一概念尚未普及，对普通民众来说十分"高冷"，其主要"玩家"还是一些有减碳需求的企业，其中，以大企业为主。而蚂蚁金服服务的主体是小微企业和普通个人——还有什么更有想象力和落地性的"绿色"解决方案成为摆在公司面前的难题。

2016 年年中的一天，支付宝的祖望突然接到任务，要做一款名为"绿色金融"的产品。他带着其他部门的产品经理，以及公益、设计、公关品牌、战略等不同部门的同事一起组成了一个专门的虚拟项目组。一开始，项目组希望为每个支付宝的用户建立一个"碳账户"——该账户会将用户每天的低碳行为折算成碳减排数值，在个人的"碳账户"中进行累计。然而，在 2016 年时，即便是重度的互联网用户，对"碳账户"这个概念也是难以理解的——它既不具象，又有一定的传播和普及门槛。祖望回忆，"蚂蚁金服最初的设想只是在支付宝用户界面的'余额'旁边加上一个'碳账户'按钮，30 天内上线"。但在祖望看来，"这种设计确实可以衡量用户的步行、无纸化等低碳行为，但'碳账户'这一概念太抽象难懂，太不互联网，太不性感了"。换言之，单纯增加一个"碳账户"按钮，获取、维持活跃用户的难度会相当大，产生的社会影响力也很有限。

项目组讨论到深夜仍一筹莫展时，有人看到窗外树影婆娑，突然"灵光一现"：普通人想到绿色，就是一棵树，能不能让手机长出来一棵树？团队研究发现，中国荒漠化的面积正逐年扩大，而普通民众并没有什么很好的方式去参与植树造林的活动，捐资给公益组织的渠道也不是十分普及。如果把公益种树作为一种新的"价值出口"，是不是会对用户有更大的吸引力，让人们感觉到自己在为"绿色"做出实实在在的贡献？这个想法立刻得到了项目组的一致响应，也成为蚂蚁森林的最初构想：把大家的减碳行为转化成"能量值"，能量值积累到一定程度，支付宝和合作伙伴就为用户在地球上种下一棵真树。

2016 年 8 月，蚂蚁金服宣布旗下支付宝平台正式上线个人碳账户"蚂蚁森林"。用户登录支付宝后，加入"蚂蚁森林"公益行动，用步行替代开车、在线缴纳水电煤、网络购票等行为节省的碳排放量，将被计算为虚拟值，同时可获得虚拟树苗一棵。当用户的树苗长大后，蚂蚁金服将在现实世界种下一棵实体树。蚂蚁森林上线时，项目组惴惴不安，要种一棵"像草一样"的梭梭树，大概需要 3 个月时间，大家能接受吗？

蜂拥而至的用户立刻让所有人吃了一颗"定心丸"：上线 3 个月后，蚂蚁森林用户数达到 6 000 万名。2017 年春节期间，支付宝在其集五福（卡）活动中力推蚂蚁森林——用户只要开通蚂蚁森林就能获取一张福卡，蚂蚁森林用户为好友浇水也能获得一张福卡。之后很快，蚂蚁森林用户就突破了 2 亿名，日活跃用户数千万名，已经种下真实树木 100 万棵。

游戏化、社交化和意义感

2017 年，当蚂蚁集团董事长兼 CEO 井贤栋参加蚂蚁森林的业务汇报会时，盯着一页 PPT 看了良久：有个女孩子为蚂蚁森林写了篇论文；有个"小胖子"为了攒能量，每天早起跑步减肥 70 斤；一位父亲的孩子和自己种的树在同一天出生，说以后一定要带孩子去看看树……这款起初带有试验性质的项目变成了一种"多巴胺"式的存在。

一位蚂蚁森林用户曾表示，之所以喜欢蚂蚁森林是因为其中有一种游戏化的乐趣。"走路、支付之类的日常行为因为多了个保护环境的目标和收别人能量的快乐得到了外在动机强化，会显得我的生活特别有意义。"[63]

从某种程度上说，蚂蚁森林的设计可谓是"养成类游戏"和"偷菜游戏"的集合体。为了能够种树，用户需要努力用"绿色"行动来获得能量——骑车、缴费、乘地铁、二手物品交易等都能够积攒蚂蚁森林能量的积分（详见表 3.4），并且需要等待 24 小时的成熟期。一旦第二天同一时间用户忘记收取能量，其能量就很有可能被好友列表里的"好友"偷走。不少用户的乐趣就在于除了收取自己的能量，还要到处逛逛看能否"捡漏"到好友的绿色能量。有人为了收集更多的能量，会将通讯录的好友"都加一遍"。用户低碳行为所对应的能量由碳减排算法计算得来，树苗的绿色能量兑换标价对应着该树苗长大后所能吸收的二氧化碳量，这个吸收量也是通过第三方专业机构评估确定的。

表 3.4　蚂蚁森林能量值对照

行动	解释	对应能量
行走	步行越多，能量越多	296 克/日
线下支付	使用支付宝线下支付	5 克/笔
生活缴费	缴水费、电费、燃气费	262 克/笔
网络购票	购淘宝电影票、演出票	180 克/笔
网购火车票	在 12306/飞猪上使用支付宝购买火车票	136 克/笔
预约挂号	能量上限 5 笔/月	277 克/笔
地铁购票	支付宝扫码过闸，每天最多 5 次	52 克/次
ETC 缴费	每笔缴费产生绿色能量	23 克/笔

续　表

行动	解释	对应能量
电子发票	能量上限为 5 笔/日	5 克/笔
绿色办公（钉钉）	用户必须加入一个组织才计算碳能量	能量上限 51 克/日
公交	通过刷支付宝乘车码	80 克/次
绿色包裹	用户通过支持绿色包裹的商家购物	40 克/次
国际退税	每次使用国际退税可获得绿色能量	4 克/次
共享单车	使用支付宝的共享单车骑行入口	54 克/次
闲鱼交易	大家电、手机、笔记本、相机的二手交易	大家电 9.763 千克/台 手机 0.631 千克/台 笔记本 0.987 千克/台 相机 2.286 千克/台

资料来源：依据 2020 年公开数据整理。

这不禁让人想起中国互联网社交游戏最早的一类"偷菜游戏"，利用用户的社交心理，每天仅仅用上几分钟的碎片化时间就可以完成。和当年"偷菜游戏"类似的是，蚂蚁森林也有一个排行榜，这成为许多用户早起的原因，让大家在偷能量和收能量的过程中获得满足感。随着可种植树木的种类越来越多，兑换难度也越来越高，早期的梭梭树稍微努力一下便可以获得，但云杉和胡杨这样的"高难度"级别，让许多用户更加努力，起早贪黑，只为在蚂蚁森林"打怪升级"。不过，蚂蚁森林的设计里，还有更多有趣的设计：包括与好友、家人、爱人合种树苗，见证友情、亲情、爱情；再比如可以在积累到一定的能量后选择自己想要种植的树种（详见表3.5），还可以给彼此的树苗浇水，让其加速成长，等等。

　　在社交方面，蚂蚁森林应该是支付宝所推出的最成功的产品之一。"我们只是采取了游戏的形式。这个产品本质上不是游戏，而是一个让普通人都能参与、与真实世界紧密连接的环保公益行动应用。我们用数字化的手段引导用户在日常生活中践行低碳减排，并将他们的行动科学地量化成绿色能量值，然后用真实世界的环保行为，比如种树或守护保护地，来匹配并呼应用户的行为，让他们感受到自己行动的真实价值并为此受到激励。"祖望这么解释[64]。

表 3.5　蚂蚁森林环保公益树种及所需绿色能量

可兑换树种	所需绿色能量/克
德钦公益保护地	2 700
柠条	16 930
梭梭树	17 900
花棒	18 880
沙棘	21 310
红柳	22 400

续　表

可兑换树种	所需绿色能量/克
樟子松	146 210
华山松	185 000
云杉	198 000
胡杨	215 680

资料来源：依据公开数据整理。

一棵树的背后是什么？

随着用户数量越来越多，用户的需求也越来越具体：仅仅在手机界面上看到自己的树已经远远不够——许多人都希望可以看到自己种下的那棵真树，它们有的在阿拉善，有的在乌兰察布，有的在德钦的公益保护地。于是不久之后，人们在蚂蚁森林的页面里看到了内蒙古荒漠化地区的图像，里面有裸露的荒漠大地、山脉和风沙，画面中还有一排排的梭梭苗。

要实现这样的效果，蚂蚁森林在 2017 年联合合作伙伴，实现了使用距离地球 770 公里的太阳同步轨道上的 WorldView-2 卫星，以及距离地球 631 公里的太阳同步回归轨道上的高分二号卫星对地球进行拍摄。

实际上，这些"看得见的绿色"背后，有着各类社会力量的参与，包括中国绿化基金会、中国扶贫基金会、中华环境保护基金会、中国绿色碳汇基金会、中国青少年发展基金会、北京市企业家环保基金会、云南省绿色环境发展基金会、亿利公益基金会、阿拉善生态基金会、大自然保护协会（TNC）、国际野生生物保护学会（WCS）、山水自然保护中心、桃花源生态保护基金会等公益组织、环保机构，以及包括高校、城市、企业等在内的 1 500 多个各类社会组织。

截至 2022 年 8 月，在蚂蚁森林里践行低碳生活的用户已经超过了 6.5 亿人，累计产生"绿色能量"2 600 多万吨。蚂蚁集团通过蚂蚁森林向公益组织、专业机构捐资，6 年来参与了国内 11 个省份的生态修复和 13 个省份的生物多样性保护公益项目。蚂蚁森林累计种下超过 4 亿棵树，种植面积超过 3 000 平方公里；参与共建 24 个公益保护地，面积超过 2 700 平方公里，守护着 1 600 多种野生动植物[65]。

中国年轻群体的"绿"意识

近几年，随着中国的经济转型和各种环保浪潮的影响，不难发现，年轻群体的消费更加务实、更加理性，也逐渐意识到自己的行为与整个生态环境息息相关、密不可分。2021 年 DT 财经发布的《2021 中国青年绿色行为报告》显示，超过 7 成的用户会主动关注绿色消费属性，而其中的大多数人不是为了在意其他人的眼光，也不是为了给自己立"人设"，而是真切地希望自己和世界能变得更加美好；超过半数的受访者会进行一些环保互动，例如捐步数、捐积分等。这份报告还显示，00 后、90 后的绿色消费意识最强。

微信的低碳举措

不仅是支付宝，近几年，微信在低碳领域也做了不少尝试，主要挖掘扫码点餐、无纸化入住、线上缴费、免押金租借充电宝等生活中常见的低碳场景。2021 年 8 月 25 日全国低碳日当天，微信"碳中和问答"小程序上线，每名用户每天可以回答 3 道碳中和的科普题目，回答正确后会由微信支付通过腾讯公益慈善基金会进行捐赠，用来支持"一平米草原保护计划""一片红树林守护计划"等植树种草、湿地保护类碳中和公益项目[66]。

除了"碳中和问答"小程序，微信还在其他地方发力低碳举措。2022 年 3 月，微信就联合喜茶、Tims 咖啡、雅斯特酒店、MJstyle、永辉超市、image 等餐饮、零售、出行、物流行业在内的 10 余家商户，面向全体消费者共同发起"一起低碳"活动，用户可通过累积低碳消费行为，兑换商家低碳福利。微信支付倡导用户在不知不觉中培养自带杯打饮品、购物不用塑料袋、电子小票代替纸质小票等简单的低碳习惯（见表 3.6）。

表 3.6　微信支付的绿色场景应用

维度	场景	微信支付在该场景下的应用
碳减排与环境改善	生活缴费 线上购票 在线医疗	电费、水费、通信话费、有线电视费等 车票、船票、机票、旅游景点参观票等 挂号平台、健康咨询服务
生产方式转换	共享经济 清洁能源	共享单车、网约车平台、共享充电宝 充气站、加气站
生活方式转换	绿色出行 绿色购物 二手回收 公益捐助	公交地铁 苗木种植、园林绿化 废物回收 公益基金会

资料来源：中央财经大学绿色金融国际研究院，腾讯金融研究院，腾讯数字舆情部，等. 绿色支付助力碳中和目标［R/OL］.（2022－06－27）［2024－09－14］. https：//iigf. cufe. edu. cn/info/1014/5446. htm.

商业与公益的共赢

在蚂蚁金服的企业社会责任报告中，将蚂蚁森林定位为支付宝客户端的一个公益活动平台，隶属于蚂蚁金服，其模式为商业形态配合公益手段。这个定位非常精准。蚂蚁森林以公益为基础，结合了社交、游戏、支付等模式——在支付宝与微信支付的竞争中，也发挥了极为重要的作用。

曾有一段时间，支付宝与微信在同一时期大量入驻线下实体商家，微信支付凭借其普及程度，曾一度超越支付宝，不过，像蚂蚁森林这样的小程序对于新用户的获取还有老用户的留存，都起到了至关重要的作用：蚂蚁森林上线不到 1 年，支付宝的日活跃用户大涨 40%，同比增长近100%，其中有多少流量是蚂蚁森林带来的，虽然很难区分，但其影响仍不容小觑。

你追我赶的互联网世界里一定不会只存在一个"蚂蚁森林"，不少互联网公司看到了这个细分领域的巨大潜力，纷纷紧随其后：拼多多的多多果园、淘宝的芭芭农场、美团的美团果园等应运而生。

而蚂蚁森林也并未止步于此。从 2020 年开始，蚂蚁森林就推出了"保护地"计划，用户的绿色能量除了种植梭梭树、沙柳等，还可以"领养" 1 平方米森林，用来保护树木，保护动物，保护森林生态系统。目前的保护地包括洋湖自然保护地、关坝自然保护地、和顺公益保护地、德钦公益保护地、汪清公益保护地、洋县公益保护地、福寿保护地、嘉塘保护地等，数量还在持续增加中。

乍一看，让消费者在一个金融平台上种树、保护生态似乎是一个"奇怪"的现象，但蚂蚁森林的案例恰恰告诉我们，绿色不仅可以衡量，可以传播，可以游戏化，还能从虚拟世界影响到真实世界。

案例点评：用"游戏化思维"做公益

蚂蚁森林具有娱乐性质的操作模式和无成本的公益方式对用户有着极大的吸引力。过去，政府、媒体、NGO

等社会各界在宣传"绿色"时，主要还是采取一种说服式的宣传，这种单向的、缺乏互动的宣传模式让受众处于信息被动接受的一端，对于公众的启发有限，也无法很好地让大家参与绿色行动。而蚂蚁森林的做法，开启了一种崭新的形式，将绿色信息和游戏整合在了一起，人们从被动接受转变为主动投入，其游戏化、参与度和忠诚度被激发了出来。当然，其经济效益也十分可观：在接入蚂蚁森林后，盒马鲜生弃用塑料袋，订单提升了 22%；星巴克门店每天减少使用 1 万只一次性杯子；饿了么选择不使用一次性餐具的用户增长了 500%[67]。

　　蚂蚁森林看上去更像游戏：有目标（养成一棵虚拟的树），有互动（相互浇水、采集能量），有规则，有排名，通过每天的成就感，不断强化参与者的环保意识。但蚂蚁森林的内核不是为了让大家玩游戏：蚂蚁森林中的树对应的碳能量是精确计算的，人的行为产生的量是真实计算的。这与许多电商企业在系统中加入积分、勋章与竞争等游戏化元素和功能是类似的。那么，如何从游戏化的角度去看待用户的绿色消费习惯？

　　"游戏化"（gamification）这一概念虽然早在 20 世纪 80 年代就有初步讨论——1985 年出版的科幻小说《安德的游戏》中，作者就虚构了一个依靠"游戏"来培训精英、模拟战场的新兴概念。在小说中，主人公安德作为年仅 12 岁的儿童，通过虚拟游戏学到了真实的战斗技能，并在现实战场上指挥军队击败了外星敌人。如今，对"游戏化"普遍认可的定义是"在非游戏的情境中使用游戏设计元素"。这意味着，游戏化不一定需要具备完整的游戏架构，但是需要有明确的游戏规则和目标。这就是为什么我们在许多非游戏的场景里，见到类似于点数、徽章、排行榜、奖励存在的原因。实际上，在传统意义上的游戏诞生之前，游戏元素就已经存在于商业、军事、教育等诸多方面了。例如，在医疗行业，已出现游戏化与移动健康App 应用相结合的场景，来更好地帮助慢性疾病病人进行自我管理；在教育方面，商学院中经常会使用的"战略模拟"课程，让同学在商业对战的游戏化情境中体会商业决策的复杂性，享受企业对战竞争的乐趣。

不管是什么样的游戏化，基本都要具备以下三个特征：

首先，有目标。目标既可以是具体的，也可以是抽象的；可以是为了消遣，为了竞争，为了社交，或者为了利益或意义感。目标是用户需要达成的目的和结果，有了目标，才能够吸引他们的注意力和参与度。在蚂蚁森林里，大家的目标非常明确——种植自己喜欢的树。这个具体的目标背后，也有着对环境保护的意义感，通过自己每天的努力就可以在荒漠种上一棵小树，大家的内在驱动力和个人成就感被激发了出来。

其次，有规则。规则是游戏为玩家实现目标而制定的相应规则与限制，包括成长类的、策略类的、操作类的、组合类的等。在蚂蚁森林中，有着各种绿色行为对应的能量值，而能量值的积累又对应着不同的树木种类。在一场树木的"养成类"游戏中，用户能够清晰地知道规则，主动利用规则去达到自己想要的目标。而通过规则的指引，用户也会在不知不觉中养成低碳环保、绿色出行的日常习惯。

最后，有反馈系统。用户需要在游戏过程中得到点数、级别、得分、进度、排名等形式的及时反馈，让他们能够及时被反馈激励，更加沉浸其中。在蚂蚁森林中，用户可以随时看到自己有多少能量将要"成熟"，能够在好友那里"偷取"多少能量，自己积累了多少能量，也可以看到自己在虚拟世界和现实世界种下的树苗的样子；此外，还有每日的能量排名……这些实时反馈系统利用游戏乐趣提升了用户的参与动机，社交化的设置让绿色低碳成为一个大家都在关注的热门话题和活动。

尝到了"游戏化"甜头的支付宝在蚂蚁森林上线 1 年

之后，上线了一款名为"蚂蚁庄园"的小程序，让用户不仅可以"种树"，还可以"养鸡"，这样一来，用户打开App 的频率就更高，时长就更长了。不仅如此，一直在社交方面想要突破的支付宝，随着这些游戏化产品的推出，利用种树、养鸡和好友之间相互浇水、互相喂养等互动，在增加用户黏性的同时，也实现了用户之间的轻度社交。更有意思的是，如今中国的年轻人有着一种"微环保"的趋势，意味着大家想为大环境做出贡献，明白这与自己紧密相连，却又十分在意个人生活，希望原本的生活品质和节奏不会被打破，于是将环保嵌入自己正常的生活轨迹中，两边兼顾——而诸如蚂蚁森林这样的游戏化公益产品恰好满足了中国年轻群体的这项诉求。

当然，除了在公益领域的应用，更多电商企业已经发现了游戏化对于其业务的潜在影响，开始了自己的"不务正业"：淘宝推出了金币小镇、省钱消消消、淘宝人生等；天猫有天猫农场、童话镇、喵店等；京东上线了种豆得豆、东东农村、宠汪汪、摇钱树、天天加速、京奇世界等；拼多多平台有多多赚大钱、多多果园、多多农场、多多爱消除、招财猫等；苏宁推出了小苏的农庄、赚钱消消乐、益起走、云钻魔法狮……这些努力和尝试无一不是为了完成一个目标：让低频需求变成用户的高频需求，让用户和平台之间的连接更加紧密。在流量红利逐渐消退、互联网企业获客成本越来越高的情况下，一个让人"成瘾"的游戏化产品可以为平台带来持续、稳定的流量。

供应链赋能，创造可持续竞争优势

"越来越多的企业看到了可持续商业模式的潜力，这既是因为企业坚信自己可以成为一种向善的力量，也是由于认识到不作为的代价往往会超过行动的代价。"

——保罗·波尔曼（Paul Polman），联合利华（Unilever）前 CEO

不少企业认为，企业社会责任活动例如供应链社会责任管理，将会给企业带来额外的成本，如制定环保计划、培养员工环保意识、采购绿色材料等，这些额外成本将会导致企业处于竞争劣势。然而，越来越多的研究表明，可持续的供应链管理与企业的绩效呈正相关，因为采用绿色环保的供应链实践可以提升员工的士气，增强客户的好感度，并改善企业与利益相关者（例如政府机构和投资者）之间的关系。也有研究表明，可持续供应链管理实践还可以改善企业在利益相关者眼中的品牌形象和声誉。作为差异化战略的重要补充，将战略企业社会责任与可持续供应链管理（SSCM）的实施相结合，可以提升企业声誉和品牌价值，从而为企业创造可持续的竞争优势[67]。此外，根据基于资源的观点（resource-based view），利益相关者对企业的好评可以成为企业绩效提升的竞争优势来源[68]。

那么，什么是可持续供应链管理？企业又该如何打造可持续的供应链管理呢？可持续供应链管理的定义是"在考虑顾客和其他利益相关者要求的基础上，管理沿着供应链流动的物质、信息和资本以及企业间的合作，同时兼顾经济、环境和社会三个可持续发展维度的目标"。构建可持续的供应链管理系统需要综合考虑经济、社会和环境等方面问题，下文将从战略的视角、科技的创新和合作的共生三个方面阐述企业如何通过可持续的供应链管理建立竞争优势。

战略掌舵

一个公司的供应链对于环境和社会会产生重大的影响，管理这些影响对于实现企业长期的业务成功至关重要。在当前越来越注重可持续发展的社会环境下，公司需要采取积极的措施来管理供应链的环境和社会影响，以满足客户、投资者和其他利益相关者的期望，实现业务成功和社会价值的平衡。因此，企业应该在战略的视角下理解供应链 ESG 管理，创造一个更加可持续和负责任的供应链。

那么什么是 ESG 呢？

前文提到，ESG 可以看作是 CSR 的升级版，已经变成了社会的热门话题。这不仅是因为做 ESG 可以满足市场监管和合规的需求，它对业务也有直接的影响。所以，从战略的高度理解 ESG 尤其重要。

尽管因为新冠疫情，全球的供应链都出现了问题，但仍有超过 2/3 的企业高管将 ESG 作为首要的任务之一。同时，"联合国 2030 年可持续发展目标"（United Nations' 2030 Sustainable Development Goals）在 2021 年和 2022 年成为世界各国的中心议题。消费者也越来越关注企业对可持续发展所做出的承诺。有前瞻性的公司为避免声誉或财务风险，正在仔细梳理自己的 ESG 目标。供应链管理是全球可持续发展倡议的核心，不论是减少包装和排放，还是支持循环经济和消费后回收，都是热门的话题。

ESG 所涉及的环境问题、社会问题和治理问题既影响企业的内部构成，也会形成外部效应。虽然这些都是非财务指标，但它们与公司的增长和风险应对有着直接的联系。其中，"环境"问题主要包括公司对于自然环境的影响，以及一些可持续的话题，比如，污染物排放、气候变化和"碳足迹"，这些都是 ESG 中"环境"所涉及的。它也涉及原材料、土地和水的使用，以及污染物责任的归属。"社会"问题主要包括雇佣工人、货物采购和销售是如何影响内部员工和全球人类社区的，比如工作场所的多样性、安全的工作条件、合理的报酬、数据隐私、未成年用工、强迫劳动和冲突矿产等问题。"治理"问题主要包括组织内部的权、责、利如何分配，比如信息披露、满足利益相关者的需求、执行政策和法律遵守等。

为什么要在战略高度讨论供应链 ESG 管理？首先，供应链合规管理的必要性不容忽视，它能够有效减少供应链各个环节（如原材料采购、贸易、物料管理、仓储、包装等）中的非财务风险。例如，可口可乐公司通过资助农民，支持他们保护生物多样性、改善土壤质量和维护生态环境。这不仅降低了企业的供应链风险，还增强了其在社会责任方面的声誉。其次，推动供应链绿色化能够为行业和企业带来显著的长期利益，不仅有助于减少碳排放和资源消耗，还能提升企业的运营效率和竞争优势。

对于很多行业来说，尤其是制造业，ESG 往往不是公司运营的结果，而是深埋在供应链之中。因此，从供应链 ESG（supply chain ESG）着手设计的战略可以带来最具社会影响力的结果。在美国，物流产生的温室气体排放占美国当地的 29％，占全球的 14％。2022 年《第三方物流研究》的调查显示，有 83％的被调查企业将 ESG 纳入其供应链和增长战略，但只有 30％的企业有系统的 ESG 目标和计划。这就意味着管理团队需要深入供应链，了解材料从哪里来，谁来处理和如何处理这些材料，以及整个加工和运输过程。例如，确保材料不是童工生产的，没有使用冲突矿产的资源，整个过程对环境的影响控制到了最低。有效的供应链 ESG 能帮助企业招聘，还能招募和留住顶级人才。而消费者也越来越多开始自发地选择 ESG，或者可持续和健康的产品。虽然其仍是个小众市场，但大规模接纳、选择 ESG 商品是可预期的。

国际上像可口可乐、UPS、通用汽车（General Motors）等头部公司已成功实施了供应链 ESG 战略。

可口可乐作为世界上最大的饮料生产商，通过分散性的供应链来最大限度地鼓励灵活性和敏捷性，从而提升整个价值链的效率，同时尽量减少浪费和能源消耗。

UPS 的 ESG 友好型供应链是向世界推广其可持续发展倡议的一个重要例子。该公司的主要目标之一是在 2050 年前实现碳中和。它计划通过提高资源使用效率、转向替代技术（比如，人工智能驱动的基础设施和电动汽车）、改善整个供应链的效率来实现这一目标。

通用汽车的供应链专注于工作场所安全和环保创新的举措。通用汽车全公司有一个统一的精神，即"零碰撞、零排放和零拥堵"，并被视为汽车可持续发展的领导者。公司董事会定期审查公司的 ESG 表现和进展，确保它是全球业务的核心焦点，符合不断变化的全球期望和法规。2022 年 4 月，通用汽车对外宣布，邀请全球供应商加入公司，承诺实现碳中和，制定社会责任计划，并在其供应链运营中实施可持续采购的做法。

我们可以怎么做呢？

ESG 支出是投资，不是成本。雪佛龙公司（Chevron）计划在 2028 年前投资 100 亿美元，开始从化石燃料的核心优势转向生物燃料和氢气等技术。巴塔哥尼亚公司（Patagonia）的换货计划以及为保护和恢复自然环境而进行的捐赠，使其文化得以延续。从 2013 年开始，公司就成立了风险投资基金，为 ESG 初创企业提供资金，"拯救"人类家园。

不过，就像其他任何一种战略一样，并不存在通用的供应链 ESG 战略。每个公司都要考虑自己的禀赋，在限制条件下做出最优的选择。不过有一些共通的方向值得参考。大前提是，公司要把供应链 ESG 作为主动的商业战略，而不是去被动应对。

从哪里开始呢？在任何可持续的供应链 ESG 战略的核心，都有三个元素：

（1）想清出发点，确定未来在 ESG 上要走多远。这可以通过对标分析来完成，了解现在公司在价值链上各个环节的 ESG 足迹，做量化评估，参照行业内类似阶段公司的最佳实践进行量化的对标。这有助于确定做 ESG 改进的机会点、主要风险，也能梳理出达成公司 ESG 战略中各里程碑的关键事件、供应链采购的目标和评估指标。

（2）找到供应链 ESG 的价值核心，推动价值创造的举措。定义 ESG 指标，将其纳入标准供应商选择、采购和管理的标准流程。通过评估，不断获取供应链 ESG 可持续性上的洞察。同时，选择一些对于公司来说最优先的 ESG 主题，通过深入的跨职能变革来解决这些问题。

（3）组织能力提升，建立供应商关系，推动持久的可持续性改善。将 ESG 的做法融入公司的其他部门，做好知识的沉淀与反馈，不断对采购人员进行 ESG 与可持续发展相关实践的培训。

将供应链 ESG 管理提升到战略层面，对供应链做全面的了解，将供应链 ESG 战略融入公司的每个部门，具体分解到业务指标，就可以减少进入市场时可能遭遇的各种挑战和风险，落地有实质影响力的 ESG 计划。

在具体落地上，创造价值是每家公司能持续生存的核心。对于职业经理人，特别是高管，通常需要用业绩来进行考核。在这样的背景下，如果自上而下直接下达供应链ESG 任务，或者方向过于模糊，对于业务不会有实际的帮助，还会事倍功半。为了让公司上下齐心协力，具体的供应链 ESG 切入点需要真正为公司创造价值，与公司核心的业务指标直接关联。如果你已经分析了公司价值链上现有的问题、最大的突破点和供应链 ESG 的可选方案，这就已经开了一个好头。积极主动地探索创造价值的举措，挖掘思想领袖和行业专家，与利益相关方共同探讨，才能确保 ESG 真正落地。

半个世纪前，诺贝尔经济学奖得主米尔顿·弗里德曼（Milton Friedman）就提到了 ESG 的价值："将资源用于为社区提供便利设施或改善其治理，很可能符合公司的长期利益。这会使它更容易吸引理想的员工，会减少工资支出……或产生其他有价值的影响。"如今，据调查，有86％的全球消费者希望公司管理团队能在社会问题上发挥领导作用，各公司供应链负责人处于这个话题的核心位置，可以影响整个公司的政策和实践。新冠疫情暴露了全球供应链的缺陷，同时也提供了一个机会，围绕供应链ESG 可以建立一个更加可持续和有弹性的供应链体系以应对下一次不可预见的灾难。

在经历了新冠疫情冲击后的世界经济，对供应链的可持续性、灵活性和韧性都提出了新的和更高的要求。供应链管理者也从最初的战略实操者转变为战略贡献者，通过从战略角度对供应链的重塑、优化和提升，为企业塑造更加显著的竞争优势和战略地位。因此，供应链战略也越来越凸显为战略规划中不可或缺，或者说影响企业生死存亡的重要战略内容。

科技赋能

科技创新在构建可持续供应链方面发挥着至关重要的作用。通过不同的技术手段，企业可以建立起更加可持续的供应链，从而在创造收益的同时造福环境和社会。那么，企业可以利用哪些科学技术来提高供应链的可持续性呢？

首先，企业可以收集、分析和利用数据来识别供应链中低效、浪费或未达到可持续目标的领域，并根据数据分析的结果优化供应链环节来减少环境影响。比如，企业可以通过收集库存水平、需求信息和生产计划等数据，识别出企业产能过剩或不足的地方，从而优化其生产和库存管理流程，减少浪费，提高效率。其次，物联网设备可用于跟踪商品，对整个供应链进行实时监测，从而帮助企业优化运输路线并提高能源的利用效率，减少排放。例如，温度传感器可用于在运输过程中监测易腐商品的温度，确保它们存储在最佳温度下，减少损耗。另外，物联网设备也可用于跟踪原材料和产品在整个供应链中的流动，使企业能够实现循环经济，如产品的回收和再利用，从而减少浪费，增强供应链的可持续性。再次，区块链技术可用于创建透明且安全的供应链网络。通过追踪产品从源头到最终消费者的过程，企业能够识别出供应链中可以减少浪费的地方，从而实施更加可持续发展的做法；此外，人工智能可以帮助企业进行需求的预测和运输路线的优化，通过减少资源的使用和浪费来优化供应链的运营。例如，AI 算法可以帮助企业优化库存水平，减少产能的过剩和不足。人工智能也可以用于识别产品的缺陷或质量问题，使公司能够在产品发货前及时采取纠正措施，从而减少浪费并提高客户满意度。最后，科学技术可以用于创新和产生可再生能源，如太阳能或风能，从而帮助企业提高能源效率并减少温室气体的排放。科学技术也能帮助企业识别低碳、绿色、可循环使用的原材料，物尽其用。总而言之，科学技术可以通过库存管理、数据分析、运输优化、产品追踪等方面来帮助公司建立起可持续的供应链管理系统。

合作共生

合作在建立可持续的供应链中扮演着至关重要的角

色，因为该过程涉及多个利益相关方，包括供应商、分销商、消费者、政府和其他社会组织。这些利益相关方可能拥有不同的需求、利益和目标，但是通过合作，它们可以共同努力，追求共同的目标，例如减少环境污染、提高生产效率、改善工作条件等。此外，合作还可以帮助企业建立起更加透明和可靠的供应链，减少运营风险和生产成本，从而实现供应链的可持续性。那么，企业如何通过合作来建立起可持续的供应链呢？

首先，企业应该充分调查供应商的可持续性实践和绩效，并传达公司的可持续性期望、目标和绩效指标。企业应该与供应商通力合作，一同识别整个供应链中的可持续性问题。必要时，企业可以给供应商提供培训和支持，帮助供应商改善其可持续性实践。其次，通过分享可持续性实践、目标和绩效的信息，通过共同合作解决可持续性问题，公司和供应商可以达成对彼此目标的共识，促进整个供应链的透明度，进而建立起更加牢固的相互信任。再次，企业可以为供应商和其他合作伙伴的可持续性实践提供激励措施，从而建立更具合作性和互惠性的关系，共同努力实现供应链的可持续性目标。金融激励，例如降低成本或提供更多商业机会，可以鼓励供应商投资可持续性的实践和技术；而非金融激励，也可以有效地促进可持续性实践的推广。通过表彰和奖励致力于可持续发展的供应商，企业可以在整个供应链中创建可持续性文化，鼓励其他供应商效仿。最后，企业甚至直接与其供应商合作，共同重新设计产品和流程，以减少材料消耗、促进回收利用和优化运输等。通过以这些方式与合作伙伴合作，企业可以建立更加可持续的供应链，从而造福环境、社会和经济。

在下面的案例中，我们了解到京东物流凭借其卓越的供应链能力，通过不断积累和拓展，承担起了企业的社会责任。在案例点评中，我们看到了企业如何实现可持续发展，实现经济利益与社会责任的平衡，达到了义利合一的目标。

案例：京东物流——速度是硬核，温度是内核

2020 年伊始，新冠疫情突如其来，"九省通衢"的武汉决绝封城，瞬间摁下"暂停键"。值此危难时刻，京东物流集团（简称"京东物流"）充分发挥其供应链的物流能力和技术优势，全力统筹内外部资源、城配与最后一公里配送调度等，用运输线托起了生命线和经济线。

这其中，有逆行而上、坚守在第一线的京东物流员工；有京东自主研发的智能配送机器人进行物资运输与配送；有"智能大脑"依靠大数据分析和预测技术，优先满

足、精准配送武汉重点医院；还有日分拣能力超过百万单的智能仓储武汉"亚洲一号"的快速响应；更有全国驰援武汉的义务运输通道，提供稳定的医疗卫生和生产生活保障……

与其说在疫情大考中，京东物流交出了令人满意的答卷，不如说在疫情笼罩下，京东物流给全社会递上了"定心丸"。这颗"定心丸"背后，不仅是京东物流长期积累的能力的释放，更彰显了企业的使命与担当。

抗"疫"先锋：夯实基础，厚积薄发

2007 年，京东集团自建物流体系；2017 年，京东物流正式独立为子集团，面向社会全面开放。2020 年，疫情阴霾下，京东物流作为保障国计民生的重要社会基础设施，其价值更加凸显。京东物流以"技术驱动，引领全球高效流通和可持续发展"为使命，致力于成为全球最值得信赖的供应链基础设施服务商。

> 2020 年 1 月 20 日，钟南山院士宣布新冠肺炎病毒存在"人传人"情况，京东物流第一时间就成立了疫情物资专项行动小组（简称专项行动小组）。
>
> 1 月 21 日 22 点，湖北某药厂打来紧急送货求援电话，京东物流立刻调配人员安排送货。

1 月 22 日，湖北启动二级应急响应，京东物流正式对外发布优先配送医疗机构指定订单的通知，调配专项资源保障医疗机构的优先配送需求。

1 月 23 日，武汉"封城"，京东物流更多业务部门加入专项行动小组。

1 月 25 日，农历大年初一，京东物流开通全球各地驰援武汉救援物资的特别通道。在疫情最严重期间，通过全球各地救援物资特别通道，京东物流累计承运了超过 7000 万件、总重量超过 3 万吨的医疗应急物资。

一线员工：责任与担当背后的温度

2020 年春节期间，全国许多物流平台和公司原本就处于歇业、延迟开业或者配送能力大幅削减的状态，加上疫情突发，令大量消费者备受订单延迟甚至停运的困扰。而京东物流连续第八年的"春节也送货"活动则成为抗疫最有力的后勤保障，原本坚守岗位的京东物流员工投入抗疫一线，他们中有司机、快递员、仓储人员……这些普普通通的一线员工，在关键时期成为保障社会民生的"先锋队"。

在武汉的一些特殊站点，"快递小哥"往往是连接当地居民与外界物资的唯一一座桥梁，甚至担负着附近医院

"生命保障线"的责任——虽然"小哥"们已经习惯春节配送的忙碌节奏，但在 2020 年这个特殊的春节里，部分地区的日均包裹量甚至超过了京东 6.18 时期的业务高峰量[70]。

京东物流武汉亚一城配青年车队由 99 名青年组成，疫情期间在武汉连续奋战近 90 天，不仅将承运到武汉的绝大多数应急物资送抵武汉各大医院和千家万户，还累计为 300 多万人次配送了 6 000 吨米面粮油、蔬菜等生活必需物资。京东物流认为："有大家才有小家，作为行业领军企业，这时候必须选择往前冲，这是责任，也是义务！"[71] 2020 年 4 月，武汉亚一城配青年车队获得第二十四届"中国青年五四奖章（集体）"，这是共青团中央、全国青联授予中国优秀青年的最高荣誉，反映出当代青年的精神品格和价值追求。

辛勤奋战的背后，是员工内心对企业文化、企业责任和企业价值的肯定与认可。"伟大""尊严""体面""使自己的家人生活得舒适"是京东物流一直以来对待基层员工的关键词。京东物流向一线快递员提供了行业领先的福利待遇，是行业内少有的为一线员工缴纳"五险一金"的企业，还提供意外伤害商业保险、防寒防暑补贴、安居计划、"我在京东过大年"等多项福利补贴及节日慰问。

从 2014 年起，京东对春节期间坚守岗位无法回家过年的员工额外给予补贴，支持员工将子女接到身边过团圆年。至 2020 年，这项举措累计投入超过 5 亿元，帮助了近 50 000 名员工家庭在春节团聚。

而在疫情期间，员工为社区四处奔波，京东物流则稳稳地保护员工的健康安全。不仅在元旦期间就向武汉员工提供了 7 万只口罩，在武汉封城之后，更是迅速将防疫应急物资等配齐，并安排对所有场地装备进行消毒，对在岗人员进行健康监测，开展疫情相关知识科普与防疫培训等。在 2020 年一季度，京东物流采购了超过 1 000 万只口罩等防疫物资提供给一线员工；疫情期间，员工防疫物资投入总额超过 1 亿元。

供应链能力：基础设施与智能技术的"硬核"

一方面，一线员工在疫情期间坚守岗位、辛勤付出，让大众与医务人员感受到了切实温暖的配送服务；另一方面，在封路封城、停工停产的情况下，京东物流一如既往地提供高质量的物流服务，这与京东物流多年来沉淀的供应链"硬实力"息息相关。

首先，是遍布全国的物流供应链体系。供应链能力是京东物流的核心优势。京东物流建立了遍布全国的物流供应链体系，打造出仓配一体服务模式。在商品出厂后，京东物流直接将商品放到离消费者最近的仓库，通过"短链"的方式实现快速交付。

经过多年的发展，京东物流已经搭建起包含仓储网络、综合运输网络、配送网络、大件网络、冷链网络及跨境网络在内的高度协同的六大网络，服务范围覆盖了中国几乎所有地区、城镇和人口，不仅建立了中国电商与消费者之间的信赖关系，还通过 211 限时达等时效产品和上门服务，重新定义了物流服务标准。

截至 2020 年 9 月 30 日，京东物流在全国运营超过 800 个仓库，包含云仓面积在内，京东物流运营管理的仓储总面积约 2 000 万平方米，还运营着 28 个"亚洲一号"大型智能仓库。京东集团副总裁、京东智能产业发展集团总裁胡伟说："'亚洲一号'从规划到管理都由我们自己完成，做到了全闭环，从便捷和效率上与租赁的园区有着非常大的差异，作为物流的物理载体，在'抗疫'中还发挥着保障的作用。"

京东物流"亚洲一号"单仓日吞吐能力达到数十万甚至百万单级别。疫情期间，在"亚洲一号"等仓储体系的支撑下，京东物流的物资配送依然能够实现半日达、次日达、极速达的高级别保障。武汉"亚洲一号"日分拣能力超过百万单，效率是传统仓库的 5 倍多，具有智能化、储存量高、订单处理能力强的特点，在抗疫过程中发挥了重要作用。2020 年 1 月 24 日上午，京东集团宣布向武汉市捐赠 100 万只医用口罩和 6 万件医疗物资，首批 40 万只医用口罩便是从武汉本地仓库发出，7 个小时后即送达医疗一线。

> 1 月 31 日晚，京东物流接到钟南山院士团队捐赠 100 台制氧机的运输需求后，第一时间协调铁路运力，采用铁路公路联合运输的方式，将该批物资以最快的速度义务运往武汉。2 月 2 日上午，这批制氧机顺利送到武汉汉口医院。钟南山院士亲自写下："感谢京东心系医疗救助一线，以最快的速度将急需医疗物资送达武汉！"

为了进一步提升整体物流时效，京东物流发起了"千县万镇 24 小时达"时效提升计划，推动"24 小时达"成为县、镇、村消费者可享的普惠式物流服务，同时拓宽当地农产品和产业带上行渠道，助力消费升级和区域经济发展，服务乡村振兴。

其次，是数据分析与预测能力。作为华中地区重要的物流中转枢纽，疫情下的武汉交通全面受阻，京东物流因为一系列智能技术的保障护航，在极短的时间内快速响应，重新组织全网物流资源。疫情暴发后，物资供应紧张是全社会的共同难题。京东物流在"智能大脑"的支持下，通过大数据分析和预测技术，挖掘疫情地区的历史订单人群分布和未来订单规律，主动对武汉重点医院订单实行优先满足、精准配送。

"智能大脑"由一系列大数据技术和算法组成，有智能规划、智能计划和智能调度三大抓手。智能规划大脑快速制定临时应急物流方案；智能计划大脑实现重点地区订单优先生产；智能调度大脑推进车辆直达，高效驰援一线，实现疫情期间武汉有序、及时、高效率的物资运输解决方案。

最后，是智能硬件的全面应用。为了降低疫区配送人员被感染的风险，京东物流采用了自主研发的智能快递车，为医院及重点区域进行物资运输与配送。2020 年 2 月 6 日，京东物流智能快递车顺利将医疗物资送到了武汉第九医院，完成了疫情暴发后武汉地区智能配送的第一单。在一些因疫情而封闭的地区，京东物流还投入使用无人机，使得被迫中断的物流服务得以恢复。

基于供应链技术能力，2020 年 2 月 12 日，应湖北省新冠肺炎防控指挥部的紧急需求，京东物流正式承建湖北省的应急物资供应链管理平台。该平台主要针对抗击疫情急需的防护服、口罩、护目镜等物资的生产、库存、调拨、分配进行全程可视追踪、高效集中管控，帮助湖北各地进行紧缺医疗物资的精准测算、科学调度、合理分配。

共生格局，构筑可持续商业

"独木不成林，一花难成春"，京东物流倡导"共生"理念，倡议生态链上下游合作伙伴一起联动，共建全球商业社会可持续发展共生生态。

青流奔涌，与环境共生。2017 年，京东物流携手九大品牌共同启动了"青流计划——全球供应链绿色环保"行动。京东物流联合供应链上下游，创新绿色发展模式，通过开展无纸化运营、包装耗材可循环和减量使用、新能源车辆技术创新和应用、光伏发电以及在全国范围内进行纸箱、旧衣等闲置物品回收等，减少资源浪费，实现节能降耗和低碳环保。

2018 年，京东集团全面升级"青流计划"：从聚焦绿色物流领域，升级为京东集团可持续发展战略；从关注生态环境，扩展到人类可持续发展相关的"环境""人文社会"和"经济"全方位内容。升级后的"青流计划"携手生态链上下游合作伙伴，以共创美好生活空间、共倡包容人文环境、共促经济科学发展为目标，共同建立全球商业社会可持续发展共生生态。

2019 年 10 月，京东物流宣布加入世界自然基金会（WWF）联合发起的"科学碳目标"倡议，成为国内首家承诺设立科学碳目标的物流企业。

2020 年 7 月 6 日，京东物流"青流计划"推出物流行业首个环保日，进一步推动和落实全供应链的环保理念与实践。截至 2020 年 12 月，已经有超过 20 万个商家和亿万名消费者参与"青流计划"，虽未惊天动地，但又润物无声。

绿色包装，减量循环。2016 年，京东物流成立了行业首家"物流包装实验室"，致力于绿色物流包装产品的研发和使用。一方面，通过压缩包装耗材的尺寸和面积减少材料成本，减少社会资源的浪费；另一方面，相继推出了可循环生鲜保温箱和青流箱等循环包装。

绿色园区，节能环保。早在 2017 年，京东物流就率先在上海"亚洲一号"智能物流园区布局屋顶分布式光伏发电系统，为仓库内的自动立体仓库、智能机器人以及自动化分拣系统供应清洁能源，平均每分钟可减少碳排放 40 千克[72]。仓库内还广泛使用了微波感应 LED 照明系统，该系统具有自动感应功能，员工拣货时灯亮，人离开后自动停止照明，比传统照明设备节能约 72%。

绿色运输，零碳排放。2017 年，京东物流引进千辆新

能源车,在全国10多个大中城市投入使用。2018年1月,京东物流率先将进出北京的自营物流车替换成电动新能源车。

绿色回收,环保公益。2016年,针对月饼过度包装问题,京东物流率先在北京、上海和广州三地推出纸箱回收循环利用活动,之后逐步将纸箱回收项目推广至全国。2019年,京东物流推出"闲置衣物回收计划",覆盖全国近50个城市,截至2020年6月,京东小哥回收旧衣、玩具、书籍等350万件。

> 截至2020年6月,京东物流通过缩短胶带的宽度、包装减量等措施累计减少使用塑料5万吨;通过仓内无纸化作业、纸箱减量化及回收再利用累计节省纸张约130万吨;累计使用循环包装超过1.6亿次,减少一次性快递垃圾6.7万吨。
>
> 截至2020年6月,京东小哥在全国回收纸箱数量超过1000万个。

商业联盟,与社会共生。京东集团副总裁、京东物流首席战略官傅兵表示:"这场疫情让大家看到,京东物流承接了社会很多基础设施的角色,包括菜篮子工程,包括将孩子上学的课本交付到家里。"在参与抗疫的同时，京东物流通过技术开放，解决制造行业信息割裂、库存水平高、配送时效慢等典型问题，帮产业供应链装上智慧大脑，给产业经济换上智能引擎，为社会基础设施注入数字力量。傅兵说："京东物流不同于其他物流企业的地方，在于一开始就服务于产业，用技术、供应链的管理去帮助我们的伙伴缩短整个供应链链条，提高供应链效率。"

作为"共生"理念的倡导者和实践者，京东物流致力于与合作伙伴、行业、社会协同发展，构建共生的物流生态。2017 年，京东物流创新推出云仓模式，将自身的管理系统、规划能力、运营标准、行业经验等用于第三方仓库，通过优化本地仓库资源，有效增加闲置仓库的利用率，让中小物流企业也能充分利用京东物流的技术、标准和品牌，提升自身的服务能力。目前京东云仓生态平台下运营的云仓数量已超过 1 400 个。通过与国际及当地合作伙伴的合作，截至 2020 年 12 月 31 日，京东物流已建立了覆盖超过 220 个国家及地区的国际线路，拥有 32 个保税仓库及海外仓库，并正在打造"双 48 小时"时效服务，确保 48 小时内可以从中国运送至目的地国家，在之后的 48 小时内，可以将商品配送至本地消费者。

在"共生"理念的指导下，京东物流通过建立各领域、各产业的共生联盟，号召产业链上下游合作伙伴紧密合作，共同努力。京东物流为联盟合作伙伴提供开放的业务场景，高效、灵活的商业合作模式，共同打造市场化、智能化、定制化的产品以及综合解决方案。通过战略签约、成为共生伙伴等形式，整合社会化物流企业的资源，增强协同作战能力，推动行业打破既有边界走向融合，力促共生共赢。

社会责任：乘风破浪的"压舱石"

2020 年 8 月，京东抗疫"五件套"被国家博物馆永久收藏，包括湖北省新型冠状病毒感染肺炎疫情防控指挥部的感谢信、钟南山院士的亲笔感谢信、在武汉封城后率先投用的 JD40006 号智能快递车、内蒙古援鄂医疗队医护人员写给武汉京东快递小哥贾胜治的感谢信、技术抗疫纪录片等。2020 年 9 月，因在抗击疫情中表现突出，京东集团党委被授予"全国抗击新冠肺炎疫情先进集体"和"全国先进基层党组织"称号[73]。

"疾风知劲草"，一场突如其来的疫情，让人看到了物流基础设施的重要性，也让社会重新认识了物流的价值。

"客户为先"是京东最核心的文化价值观。京东物流的战略是体验为本、技术驱动、效率制胜。京东物流提供"有速度更有温度"的服务。

温度是需要传递的。京东物流让每一位员工工作得体面、有尊严，这是京东物流对员工的温度；而京东员工的每一个微笑、每一声"您好，京东物流"，每一次服务，也都对外传递着京东物流最炽热的"温度"，使"物的位移"变成"人的链接"。

2017 年，京东物流向社会全面开放。京东物流迎来的不只是大量的客户，还有客户多元化、个性化的服务需求。京东物流深刻地认识到，要将过去只服务于京东商城的运营思维，转变为从客户角度出发的经营思维，要从销售驱动转变成产品驱动，要通过提供包括供应链、快递、快运、大件、冷链、云仓、跨境等产品模块，来满足不同市场、不同客户的各种需求。2020 年前 9 个月，京东物流外部客户收入占比达到 43.4%。

一步步走来，京东物流何以行稳致远？靠灵敏的市场嗅觉、敏捷的变革行动力、敏锐的前瞻洞察力？是，但又不全是。在京东物流的发展过程中，我们看到京东物流一直在思考对消费者和员工的价值与责任，对行业和社会的使命与担当。经历过抗疫的考验，京东物流所坚守的正道商业价值观、勇于承担社会责任的担当精神，正在不断获得社会各界的广泛认可与高度评价。

2020 年 8 月，京东物流将使命升级为"技术驱动，引领全球高效流通和可持续发展"，京东物流将为"成为全球最值得信赖的供应链基础设施服务商"不断向前[74]。

案例点评："义利合一"并不难

"成功的企业离不开和谐的社会，反之亦然，两者之间如唇齿相依。企业只有找到与社会共同发展的契合点，才能踏上通往可持续发展之路。"

——迈克尔·波特

2020 年的新冠疫情让中国企业集体面临一次大考。不难发现，那些重视社会性大趋势、为长远发展打算的企业，在面临此类"黑天鹅"事件时，不仅能够保持良好的韧性，更好地面对突如其来的冲击，还能够化威胁为机会，向社会与公众交出一份令人满意的企业社会责任的"答卷"。如今，疫情唤醒了人们对企业与社会、社区、自然、供应链、员工、合作伙伴关系的众多思考；企业也愈发重视对社会、环境和经济的影响——那些依然将企业社会责任看作是"伪善的粉饰""装点门面"或处理危机的"救命稻草"的企业，往往忽视了企业社会责任成为长期战略和可持续性的特征，最终可能陷入为一时之利而损害企业长期价值的境地。

迈克尔·波特和马克·克莱默早在 2006 年刊于《哈

佛商业评论》的《战略与社会：竞争优势与企业社会责任的关系》一文中，就区分了被动型企业社会责任和战略型企业社会责任。前者将企业与社会对立看待，是"粉饰性、零散的、并非心甘情愿而为之的慈善公益"，并未与企业战略结合，因此不具备前瞻性，也不具备生命力；而战略型企业社会责任则是持久的、系统的、能为企业和社会创造价值的企业责任与担当。

在 2011 年的一篇文章里，波特和克莱默更加明确地提出了"创造共享价值"（creating shared value，简称 CSV）这一新的战略框架[9]。"共享价值"即在提高公司竞争力的同时，促进其运营所在社区的经济和社会条件。这种视角的背后，实际上隐含了这样的核心观点：盈利与行善实际上并不互斥——谁说财务上的回报就一定要以社会和环境为代价？而为社会和环境创造价值，就一定要牺牲财务的回报？

没有一个企业有足够的能力解决所有的社会问题，可行的是通过提炼和自己业务有交叉的社会问题来解决——这就需要企业通过创新的商业模式，在满足社会需求、解决社会问题的同时，获取财务上的回报，换言之，这是一种"义利合一"的企业战略。

企业应如何主动将企业社会责任与公司战略相结合，

使社会责任成为孕育机会、创新和竞争优势的源泉？我们建议可以从以下几点入手。

第一，从内部视角做价值链活动检视。波特经典的价值链理论认为，企业包括设计、生产、销售、物流等在内的每项生产经营活动都可以创造价值，然而，要形成具有竞争力、可持续运转的价值链，就与企业社会责任息息相关。从研发端到生产端，再到物流运输、最终的产品回收等，通过分析每一项活动中与社会责任相关的问题，就不难勾勒出这些价值活动对社会产生的影响。例如，在价值链活动的仓储环节，京东物流就运用清洁能源减少碳排放；运输环节，在 10 多个大中城市投入使用新能源车；在包装环节，通过包装减量、无纸化作业、纸箱减量化等举措，减少一次性快递垃圾……种种举措都超越了把利润作为唯一目标的传统理念，强调企业对环境、消费者、对社会的贡献。

第二，从外部视角检视影响现有经营决策的要素。波特用于衡量国家、地区和城市竞争优势的钻石模型，能够从当地的生产要素、需求条件、相关支撑型产业、当地企业战略，以及影响这 4 种要素的政府政策几个维度，帮助企业在经营活动中，全面考虑当地社会的因素构建战略。2020 年，中国宣布"30·60"碳中和目标，确立了未来数十年的低碳转型方向，"十四五"时期将会是中国实现"碳中和"的关键时期。在国家整体战略下，各地方政府也会陆续出台相应政策，无疑会对企业所处地域环境中的生产要素、需求条件、相关产业和当地企业战略带来不同程度的影响，从而影响企业的经营决策。

第三，基于内外部的分析，强化具有企业社会责任属性的企业战略。企业的基本战略形态可以分为成本领先和差异化两大基本战略。在战略规划的过程中，企业可以基于自身价值链活动的特点，挖掘产品和技术创新机会，优化企业的价值创造过程和支持过程，在降低能源消耗的同时，提升企业的生产效率和产品质量，从而实现成本领先；从另一个层面，通过构建环保、绿色、富有责任、区别于竞争对手的业务，企业能够体现产品与服务的差异化。

第四，创造新的商业机会。在战略型企业社会责任的实践中，企业通过与各个利益相关方的深入交流，能够预见未来社会的新需求、新趋势，并挖掘巨大的市场机会。例如，在碳中和领域，国家与地方政策体系的逐渐成形，给予了新能源汽车行业较大的支持，使得以新能源车为主的造车"新势力"百花齐放。

第五，注重有关 ESG 和 CSR 的信息披露。2020 年起，中国政府和监管机构出台了一系列有利于 ESG（环境保护、社会责任和公司治理）发展的战略和政策。过去 10 年来，这一投资策略主要在欧洲、北美等地盛行，现如今，在中国也受到了广泛的关注。投资者越来越关注并侧重考察企业是否具有实现和维持较好 ESG 表现的战略视野和能力，这也对企业信息披露的程度、多元化等提出了更高的要求。数据显示，共有 2 117 家 A 股公司发布 2023 年度 ESG 相关报告（包括 ESG 报告、社会责任报告、可持续发展报告），披露率达 39.5%[75]。

第六，构建共生共荣的生态体系。任何一家企业、任何一个行业都无法独立存在，必须要和其他产业、其他社会活动、整个环境与社会紧密联系在一起。在这次疫情中，许多企业就担负起社会基础设施的角色，通过先进的技术、开放合作的机制来提高抗疫的效率。

伴随着中国社会经济的高速发展，以京东物流为代表的中国民营企业已经把履行企业社会责任作为高质量发展的主流价值取向。我们也希望能够看到越来越多的具有计划性、前瞻性、持续行动性和业务嵌入性的战略型企业切实实施社会责任。

结语　用社会责任重塑竞争优势

就在 2022 年 9 月，巴塔哥尼亚（Patagonia）创始人伊冯·乔伊纳德（Yvon Chouinard）宣布，未来将公司全部盈利用于对抗环境变化和气候危机。如今打开 Patagonia 官网，上面赫然写着"Earth is now our only shareholder"（地球现在是我们唯一的股东）。看上去，这家公司渴望重新定义一种新的游戏规则，"我们选择用巴塔哥尼亚来创造财富，来保护所有财富的来源（地球）"。

我们并不是鼓励所有公司都像巴塔哥尼亚这样"只身存天下，忘己成大公"，而是更期待企业在战略层面能够将社会责任纳入进来，而非将其看作可有可无的边缘活动。令人惊喜的是，无论是放眼世界，还是聚焦中国，有越来越多企业不再在商言商、置身事外。这其中，有着像京东这样一直持续践行企业社会责任、在新冠疫情期间

"发光发热"的网络零售领导者；有像碳阻迹这样，瞄准国内市场蓝海，用于探索碳交易可持续商业模式的生态环境先行者；有像蚂蚁金服这样，通过蚂蚁森林，让数亿名用户参与每天的"微环保"行动的数字经济创新者；也有像多抓鱼这样，利用循环经济打造自己的商业模式，满足市场的潜在需求，在向社会与环境散发善意的同时，去追求商业化成功的二手市场革新者。

笔者非常赞同现代管理学大师彼得·德鲁克（Peter F. Drucker）在其经典著作《管理的实践》中指出的常识：一个公司想要基业长青，必须有超越利润的追求。我们也十分认同战略大师迈克尔·波特对于企业和社会关系的认知：没有一个企业有足够的能力解决所有的社会问题，它们必须选取和自己的业务有交叉的社会问题来解决，而选取的关键不是简单地衡量哪一项事业是否崇高，而是它是否既有益于社会，也有利于企业。正如星巴克前CEO奥林·史密斯（Orin Smith）所言，星巴克最大的成就之一，是说服顾客愿意支付 3 美元的高价去购买一杯"有责任的咖啡"。越来越多的研究表明，企业责任和企业绩效具有正向关联，这也说明无论是创业者还是企业家，都有机会将社会责任转化为实实在在的竞争力和可以日常践行的战略活动。

我们期待，有越来越多的企业，将社会责任纳入自身的竞争战略中。

致　谢

　　"义利之辩"，长久以来是困扰企业的一大难题，是先义后利，还是先利后义，自古以来无定论。在严峻的经济环境下，求生存的中国企业很难做到先义后利。然而在高度透明的网络世界里，先利，尤其是违法或游走于灰色地带、具有争议性的利益取得，可能提早为企业带来灭亡；而先义，企业或许未取得义便成仁。这一代的中国企业，在夹缝中求生存，真的难啊！本书收录了近几年来比较具有代表性的数个企业案例，并非彰显它们义利结合得特别好，而是记录了当代中国企业在企业社会责任以及环境、社会和治理方面的一些作为，刻画了中国企业在转型过程中的重要里程碑。

　　此书也纪念在疫情间离开我的先考蔡承勋先生，没有他一路的陪伴及充满骄傲和爱心的鼓励，很难成就今日的我。在此也感谢我的研究团队（西交利物浦大学的张云路主任教授，已离开中欧国际工商学院的刘婕老师、周宪老师和王珊老师，中欧国际工商学院的张文浩老师、马一鸣老师）对我写作和教学所做的铺垫，他们费心收集资料，走访企业，特别不容易！感谢我挚爱的家人陪伴我对抗病魔，特别感谢我母亲刘惠美女士、大妹蔡旻芬总裁、大妹夫凌宇光副总监医师教授、二妹蔡清徽教授、二妹夫王裕华建筑师教授、三妹蔡青劭副院长医师教授、三妹夫林巧峰主任医师教授、弟弟蔡旻翰副总、弟妹朱怡洁老师。感谢不离不弃的朋友：郭旻奇总经理、王纬彬博士、赖俊豪先生、郭惠宇总监、邱琼凯管理师、高国洪资深总监、尹燕君大师、杨冈教授、郑伯勋教授、樊景立教授与夫人姚老师、李秀娟教授、韩践教授、香港科技大学何今宇教授、林俊颖、许华光、迈克尔·扬（Michael Young）教授、杨正明董事副总、杨宗杰财务长、李松岳总监、郑凯伦主任医师、杨宜瑱主任医师。感谢中欧国际工商学院所有的领导、课程主任及班主任，我亲爱的战略与创业学系的所有同事，尤其是前系主任庄汉盟副教务长及现任系主任张宇教授，在我治疗及养病期间给予我关怀并担负了我的工作。衷心铭谢我学生暖暖的问候，祝愿师生情谊长存！

参考文献

[1] FRIEDMAN M. A Friedman doctrine: the social responsibility of business is to increase its profits [J]. The New York Times Magazine, 1970(13):32 - 33.

[2] CARROLL A B. A three-dimensional conceptual model of corporate performance [J]. Academy of Management Review, 1979,4(4):497 - 505.

[3] ELKINGTON J. Enter the triple bottom line [M]//Henriques A, Richardson J. The triple bottom line: does it all add up? London: Earthscan, 2004:1 - 14.

[4] CHATTERJEE C. 23 ways Johnson & Johnson's Credo has guided company decisions [EB/OL]. (2019 - 01 - 22)[2023 - 12 - 11]. https://www. jnj. com/our-heritage/timeline-of-johnson-johnson-credo-driven-decisions.

[5] 康纳斯,史密斯. 引爆责任感文化[M]. 白小伟,译. 杭州:浙江大学出版社,2012.

[6] KRAMER M R, PORTER M E. Strategy and society: The link between competitive advantage and corporate social responsibility [J]. Harvard Business Review, 2006,84(12):78 - 92.

［7］ MIRANDA G. Pushing beyond the ordinary in corporate social responsibility［EB/OL］.（2020 – 03 – 02）［2023 – 12 – 15］. https：//www. forbes. com/sites/ibm/2020/03/02/pushing-beyond-the-ordinary-in-corporate-social-responsibility/.

［8］ 丁海骜. IBM GUILLERMO MIRANDA：后疫情时代，CSR 就是企业生存的一部分［EB/OL］.（2020 – 10 – 27）［2023 – 12 – 11］. http：//www. digital-times. com. cn/11807. html.

［9］ PORTER M E，KRAMER M R. Creating shared value［J］. Harvard Business Review，2011，89(1/2)：62 – 77.

［10］ 马化腾. 用户、产业、社会(CBS)三位一体，科技向善［EB/OL］.（2021 – 12 – 17）［2023 – 12 – 15］. https：//www. tencent. com/zh-cn/articles/2201256. html.

［11］ 曹仰锋. 组织韧性：如何穿越危机持续增长？［M］. 北京：中信出版社，2020.

［12］ 圣吉. 第五项修炼：学习型组织的艺术实践［M］. 郭进隆，译. 上海：上海三联书店，2003.

［13］ LINS K V，SERVAES H，TAMAYO A. Social capital, trust, and firm performance: the value of corporate social responsibility during the financial crisis ［J］. Journal of Finance，2017，72(4)：1785 – 1824.

［14］ SHIU Y M，YANG S L. Does engagement in corporate social responsibility provide strategic insurance-like effects? ［J］. Strategic Management Journal，2017，38(2)：455 – 470.

［15］ 潘青山. CSR：回归内部［EB/OL］.（2009 – 06 – 03）［2023 – 12 – 10］. http：//finance. sina. com. cn/roll/20090603/10576298469. shtml.

［16］ YI Y，ZHANG Z，YAN Y. Kindness is rewarded! The impact of corporate social responsibility on Chinese market reactions to the COVID – 19 pandemic［J］. Economics Letters，2021(208)：

110066.

［17］ BAATWAH S R, AL-QADASI A A, AL-SHEHRI A M, et al. Corporate social responsibility budgeting and spending during COVID - 19 in Oman: a humanitarian response to the pandemic ［J］. Finance Research Letters, 2022(47): 102686.

［18］ NAOMI WU. "洗绿"大潮下,可持续如何内化为品牌基因? ［EB/OL］.(2022 - 07 - 06)［2023 - 12 - 13］. https://www. 163. com/dy/article/HBI9IRQL0552U2HZ. html.

［19］ 皮磊. 阿里发布绿色消费者报6500万绿色消费者成环保新主力军［EB/OL］.(2016 - 08 - 04)［2023 - 12 - 11］. http://www. gongyishibao. com/html/gongyizixun/10189. html.

［20］ AGUINIS H, GLAVAS A. What we know and don't know about corporate social responsibility: a review and research agenda ［J］. Journal of Management, 2012, 38(4): 932 - 968.

［21］ FLAMMER C, LUO J. Corporate social responsibility as an employee governance tool: evidence from a quasi-experiment ［J］. Strategic Management Journal, 2017, 38(2): 163 - 183.

［22］ SETHI S P, MARTELL T F, DEMIR M. Enhancing the role and effectiveness of corporate social responsibility (CSR) reports: the missing element of content verification and integrity assurance ［J］. Journal of Business Ethics, 2017(144): 59 - 82.

［23］ ELLIOTT W B, GRANT S M, RENNEKAMP K M. How disclosure features of corporate social responsibility reports interact with investor numeracy to influence investor judgments ［J］. Contemporary Accounting Research, 2017, 34(3): 1596 - 1621.

［24］ 张舒伊,卢轲. 研究 | 从 CSR 到 ESG: 延续与转变［EB/OL］. (2021 - 08 - 19)［2023 - 12 - 10］. https://news. hexun. com/ 2021-08-19/204192842. html.

［25］赵子坤.大厂为何都在做 ESG［EB/OL］.（2022 - 09 - 19）［2023 - 12 - 15］.https：//finance. sina. com. cn/tech/internet/2022-09-19/doc-imqqsmrn9607539. shtml.

［26］许明珠,温刚.《生物多样性保护与绿色发展》期刊：ESG 投资发展方兴未艾［EB/OL］.（2022 - 04 - 20）［2023 - 12 - 13］.https：//cj. sina. com. cn/articles/view/6192937794/17120bb4202001t9pr.

［27］徐墨.2021 年 ESG 盘点报告［EB/OL］.（2022 - 02 - 15）［2024 - 01 - 20］.https：//field. lojqka. com. cn/20220215/c636706909. shtml.

［28］胡萌.2022 上市公司 ESG 评级：12% 跻身 A 级,44 家尾部企业［EB/OL］.（2023 - 07 - 24）［2023 - 12 - 14］.https：//m. bjnews. com. cn/detail/1690171061129769. html.

［29］劳佳迪. 以 ESG 为镜：阿里巴巴的解构与重构［EB/OL］.（2022 - 09 - 06）［2023 - 12 - 14］.https：//wallstreetcn. com/articles/3669657.

［30］邓痕痕.半年卖出 20 万本书的「多抓鱼」,用书单和二手循环给都市焦虑做了解药［EB/OL］.（2018 - 03 - 12）［2023 - 12 - 16］.https：//www. 36kr. com/p/1722300268545.

［31］星星.多抓鱼推出借阅服务"多抓鱼借阅室",年费 759 元、包借还书邮寄费［EB/OL］.（2022 - 08 - 24）［2023 - 12 - 17］.https：//www. thepaper. cn/newsDetail_forward_19577301.

［32］吴婷婷,王垚.实体书店数量居全市之首,北京朝阳再投千万资金扶持书店发展［EB/OL］.（2021 - 08 - 20）［2023 - 12 - 13］.https：//baijiahao. baidu. com/s? id=1708596841236708308&wfr=spider&for=pc.

［33］朱梓函. 校友创业说|"我把爱好做成了事业"——"多抓鱼"创始人、05 级校友魏颖［EB/OL］.（2022 - 06 - 16）［2023 - 12 - 17］.https：//mp. weixin. qq. com/s? __biz=MzA4MDY4MTgzNw==&mid=2653761886&idx=1&sn=75a514e4b70da28d7bee76c2

fe000014&chksm＝84791f5cb30e964af9601195665b8bda33070c
e3a99513e30bfd72785910138bc8450c50cffc&scene＝27.

［34］桑雪骐. 二手交易信息不对等问题待破解［EB/OL］. (2022 -
02 - 17)［2023 - 12 - 15］. https://www. chinanews. com. cn/m/
cj/2022/02-17/9678720. shtml.

［35］王灿. 2021 年中国二手电商交易规模将突破 4 000 亿大关, 用户
规模预计达 2. 23 亿人［EB/OL］. (2021 - 09 - 09)［2023 - 12 -
14］. https://baijiahao. baidu. com/s? id＝1710390327706342822
&wfr＝spider&for＝pc.

［36］中华人民共和国国家发展和改革委员会. 重磅!"十四五"循环
经济发展规划出炉:产业目标产值 5 万亿、鼓励"互联网＋二
手"、壮大再制造产业规模……来看 8 大要点［EB/OL］. (2021 -
07 - 14)［2023 - 12 - 11］. https://www. ndrc. gov. cn/xwdt/
ztzl/sswxhjjfzgh/202107/t20210714 _ 1290434. html? code ＝
&state＝123.

［37］山核桃. 孔夫子尚能饭否?［EB/OL］. (2021 - 12 - 10)［2023 -
12 - 19］. https://baijiahao. baidu. com/s? id＝171875210997727
1615&wfr＝spider&for＝pc.

［38］Peco. 5 周岁的多抓鱼, 会成为下一个豆瓣吗?［EB/OL］.
(2022 - 05 - 11)［2023 - 12 - 10］. https://36kr. com/
p/1736701463477256.

［39］造就 Talk. 多抓鱼猫助:科技赋能循环业——如何智能地捡"破
烂"［EB/OL］. (2022 - 01 - 25)［2023 - 12 - 20］. https://t. cj.
sina. com. cn/articles/view/5713422924/v1548bea4c01901az0a.

［40］BOULDING K E. The economics of the coming spaceship earth
［M］//Jarrett H. Environmental quality in a growing economy.
Baltimore: John Hopkins University Press, 1966:3 - 14.

［41］联合国全球契约组织.《企业碳中和路径图》|联合国首份面向企
业界指导落实巴黎协定和可持续发展目标出版物成果重磅发布

　　　　［EB/OL］.（2021 - 06 - 16）［2023 - 12 - 11］. http：//cn. unglobalcompact. org/detail/299. html.

［42］中大咨询. 推动钢铁脱碳：中国宝武打造低碳钢铁航母［EB/OL］.（2022 - 09 - 27）［2023 - 12 - 21］. https：//baijiahao. baidu. com/s? id＝1745087191331917408 6&wfr＝spider&for＝pc.

［43］吴丹璐. 钢铁行业的低碳革命！这份来自中国的技术方案让全球瞩目［EB/OL］.（2023 - 02 - 10）［2023 - 12 - 22］. https：//j. eastday. com/p/1676021418031190.

［44］中国宝武. 中国宝武董事长陈德荣：要把钢铁冶炼全流程电气化作为低碳冶金的重要技术方向！［EB/OL］.（2022 - 04 - 07）［2023 - 12 - 23］. http：//www. ferroalloys. cn/News/Details/309676.

［45］国家统计局. 国家统计局关于 2022 年粮食产量数据的公告［EB/OL］.（2022 - 12 - 12）［2023 - 12 - 15］. https：//www. stats. gov. cn/sj/zxfb/202302/t20230203_1901673. html.

［46］人民政协报社. 从主动降碳到碳抵消，圣牧有机打造沙漠循环经济［EB/OL］.（2022 - 01 - 05）［2023 - 12 - 27］. https：//www. rmzxb. com. cn/c/2022－01－05/3019743. shtml.

［47］李德尚玉，周怡廷. 2030 年全球自愿减排市场规模可达 500 亿美元，CCER 有望成我国参与国际碳市场的排头兵［EB/OL］.（2022 - 06 - 02）［2023 - 11 - 19］. https：//www. 21jingji. com/article/20220602/herald/1d7d55a91e58c740922c2bc4ea7cd26a. html.

［48］宋可嘉. 专访碳阻迹创始人晏路辉：因为碳中和，所有的行业都值得再做一遍［EB/OL］.（2021 - 07 - 16）［2023 - 11 - 29］. http：//www. nbd. com. cn/articles/1844934. html.

［49］刘彧彧，翟羽佳. 碳阻迹：阻止碳足迹的企业公民［EB/OL］. https：//casecenter. rmbs. ruc. edu. cn/web/case_info. php? ID＝357.

［50］邵天一. 2021 年度中国一级市场碳中和投资研究报告［EB/

OL].(2021 - 12 - 08)[2023 - 12 - 10]. https://www. iyiou. com/research/20211208935♯pdf-tips.

[51] 周宇翔. 重磅官宣！全国碳排放权交易 7 月 16 日开市[EB/OL].(2021 - 07 - 15)[2023 - 12 - 17]. http://www. nbd. com. cn/articles/2021-07-15/1843624. html.

[52] 曹红艳. 全国生态环境分区管控体系基本建立[EB/OL].(2021 - 12 - 24)[2023 - 12 - 16]. http://www. news. cn/energy/ 20211224/7d810eac916e4b9483956c7e3bfefa79/c. html.

[53] 易碳家期刊. 国内企业碳意识偏弱[EB/OL].(2014 - 02 - 27) [2023 - 12 - 26]. http://www. tanpaifang. com/tanguwen/ 2014/0227/29460. html.

[54] 海比研究院. 碳管理软件厂商的 SaaS 化转型之路[EB/OL]. (2021 - 05 - 19)[2023 - 12 - 27]. https://www. 163. com/dy/ article/GAD0FBPG053109Y0. html.

[55] 邱晓芬. 碳阻迹晏路辉：中国公司做碳中和，不止花钱，还能挣钱|谈碳[EB/OL].(2022 - 08 - 01)[2023 - 12 - 11]. https:// 36kr. com/p/1847905746930816.

[56] 唐也钦,郑晓慧,陈海舟. 2021 中国青年环保行为报告：除了偷能量，当代人都是怎么环保的？[EB/OL].(2021 - 11 - 17) [2023 - 11 - 27]. https://baijiahao. baidu. com/s? id = 1716671300722815053&wfr=spider&for=pc.

[57] VSHINE 可持续星球. Zara 花 1 亿收购升级再生面料，计划提早 10 年实现净零排放！[EB/OL].(2022 - 09 - 11)[2023 - 12 - 19]. https://baijiahao. baidu. com/s? id=174363680808458125 7&wfr=spider&for=pc.

[58] 唐玮婕. 优衣库启动"海洋环境保护公益项目"，将减塑可持续实践带入日常[EB/OL].(2022 - 09 - 27)[2023 - 11 - 28]. https:// baijiahao. baidu. com/s? id = 1745099697745105981&wfr = spider&for=pc.

[59] 喻义. 阿里这一项目,已有超 6 亿人参与,为全球环保做出巨大贡献[EB/OL]. (2022 - 01 - 18)[2023 - 12 - 27]. https://www. 163. com/dy/article/GU0UQ2I20531MYZO. html.

[60] IT 之家. 支付宝终于回归本质:不再折腾社交[EB/OL]. (2017 - 03 - 07)[2023 - 12 - 18]. https://baijiahao. baidu. com/s? id=1561213254841120&wfr=spider&for=pc.

[61] 李览青. 金融 App 内容生态报告①:支付宝、华为钱包、云闪付进入 TOP10,厂商系支付结算 App 服务生态扩容,用户停留时长过短痛点待解(附 top 10)[EB/OL]. (2022 - 05 - 10)[2023 - 11 - 29]. https://www. 21jingji. com/article/20220510/herald/664d710a71345980f023f98a7e5a103d. html.

[62] 金融时报. 蚂蚁金服试水绿色金融[EB/OL]. (2016 - 06 - 26)[2023 - 12 - 11]. https://m. haiwainet. cn/middle/352345/2016/0626/content_30037650_1. html.

[63] 冷思真. 蚂蚁森林:沙漠种树背后是一门运行高效的公益生意[EB/OL]. (2019 - 07 - 12)[2023 - 12 - 13]. https://finance. sina. com. cn/chanjing/gsnews/2019-07-12/doc-ihytcitm1441230. shtml.

[64] 芮萌,朱琼. 蚂蚁森林:将公益变成共益[EB/OL]. (2023 - 05 - 15)[2024 - 02 - 17]. https://repository. ceibs. edu/zh/publications/%E8%9A%82%E8%9A%81%E6%A3%AE%E6%9E%97%E5%B0%86%E5%85%AC%E7%9B%8A%E5%8F%98%E6%88%90%E5%85%B1%E7%9B%8A.

[65] 三易生活. 支持生态建设,蚂蚁森林生态绿色发展基金会成立[EB/OL]. (2023 - 04 - 23)[2023 - 12 - 27]. https://new. qq. com/rain/a/20230423A06M6B00.

[66] 杨玉红. 积极响应"双碳"战略,首款碳中和科普小程序上线[EB/OL]. (2021 - 08 - 25)[2023 - 12 - 27]. http://finance. sina. com. cn/jjxw/2021-08-25/doc-ikqciyzm3570593. shtml.

[67] 张均斌. "手机种树"掀低碳生活潮[EB/OL]. (2019 - 08 - 28)

［2023 － 12 － 11］. https：//baijiahao. baidu. com/s? id ＝
1643073354798618568&wfr＝spider&for＝pc.

［68］ MCWILLIAMS A, SIEGEL D S. Creating and capturing
value：strategic corporate social responsibility, resource-based
theory, and sustainable competitive advantage ［J］. Journal of
Management, 2011, 37(5)：1480 － 1495.

［69］ BARNEY J B. Purchasing, supply chain management and
sustained competitive advantage：the relevance of resource-
based theory ［J］. Journal of Supply Chain Management, 2012,
48(2)：3 － 6.

［70］ 趣闻天天说. 央视财经连线物流大佬王振辉, 听听他口中的"疫
线"英雄! ［EB/OL］. (2020 － 04 － 23)［2023 － 12 － 17］. https：//
baijiahao. baidu. com/s? id ＝ 1664734864084564300&wfr ＝
spider&for＝pc.

［71］ 中国新闻网. 无关生意、只关责任, 京东物流的"隐秘抗疫战线"
［EB/OL］. (2020 － 10 － 22)［2023 － 12 － 07］. https：//www. 163.
com/dy/article/FPIE2L790514R9KD. html.

［72］ 曹朝霞. 京东"青流"计划再升级, 用 RFID 实现循环包装全流程
监控［EB/OL］. (2020 － 07 － 02)［2023 － 12 － 17］. https：//www.
rfidworld. com. cn/news/2020_07_ce5007d77e01eb8e. html.

［73］ 央广网. 京东集团因抗击疫情表现突出获两项国家级荣誉［EB/
OL］. (2020 － 09 － 09)［2023 － 12 － 11］. https：//baijiahao. baidu.
com/s? id＝1677346425004210378&wfr＝spider&for＝pc.

［74］ 李波. 京东物流转型：事关 20 万人的组织变革［EB/OL］.
(2020 － 09 － 11)［2023 － 12 － 22］. https：//zhuanlan. zhihu. com/
p/234318339.

［75］ 深圳商报. 近四成 A 股公司披露 ESG 报告［EB/OL］. (2024 －
07 － 17)［2024 － 09 － 10］. https：//www. stcn. com/article/
detail/1260984. html.